親子館
A5001

Playful Parenting

遊戲力【新修訂版】

陪孩子一起玩出學習的熱情與自信

Lawrence J. Cohen, Ph.D. 著
林意雪 譯

遠流出版公司
A LIVING PLANET BOOK

Playful Parenting

目錄

推薦

「我不知道怎麼和孩子一起玩？」

許多父母都曾是在遊戲中長大的，但漸漸地，遊戲對他們而言變成陌生的事，他們不知道如何與孩子玩耍，也不懂得如何與孩子說話。本書作者依據自己從事多年心理治療的經驗，提供家長如何從孩子的角度，穿越他們的內心世界，與孩子進行深度溝通。

本書也提供家長與孩子對話和與孩子遊戲的方法。譯者文筆流暢，讀起來輕鬆愉快，是父母解決親子各種疑難雜症的最佳伙伴。

——王珮玲✦台北市立教育大學幼兒教育系教授

遊戲可以克服兒童對大人的阻抗而促進彼此之間的關係、甚至形成更深層次的情感依戀，讓親子更加親密且溝通得更順暢。對於正在學習「從生物人變成社會人」的兒童來說，遊戲還能夠加強兒童在諸如創造性思考、問題解決與人際互動等方面的能力；並且以角色扮演、隱喻式教導等方式讓兒童紓解其必然會伴隨成長而來的負面感受，最後形成對於自己的合宜自信心。這些相當專業的觀念與實際操作的技巧，藉由作者淺顯易懂、平易近人的各種生活上的實例，相信可以讓父母或兒童工作者收穫良多。

——梁培勇✦國立台北教育大學心理與諮商系教授兼主任

遊戲式教養是一種態度，讓我們更能與孩子連結。我有三個孩子，但堅持讓每一個孩子擁有「特別的遊戲時間」，給孩子不受干擾、專一的注意力，玩他們想要玩的遊戲，提供安慰、幫助孩子療傷或分享溫柔的時光。我發現這樣的安排，可以增進親子之間的安全感。無論再忙，保留一對一相處的時間是有必要的，而且非常值得。

——傅娟✦知名廣播節目主持人

「回憶是一切！」這句話在我看了朋友家中的收藏之後更有感觸，他留下了孩子的第一件衣服，第一條褲子，第一雙鞋子，第一撮頭髮……滿滿的全是為人父母的記憶。

人與人之間，如果少了回憶，還有什麼？這話引動我深深的思考，我常與孩子玩在一起，帶著兒女一起爬筆架山、皇帝殿，海邊浮潛，山谷溯溪，打羽球，下圍棋……朋友以為我只是單純的愛玩，不！我在編織我與他們的記憶圖譜。

我的經驗與《遊戲力》一書作者的看法不謀而合，本書名曰遊戲，事實上是教養，它在賜予孩子兩根生命的棟樑：其一是生活美學，其二是生命教育。

這本書讓我們看見一種新的思考，教育不單單只是教出成就，還要傳之以情。

——游乾桂◆親職教育專家、作家

玩出聰明！玩出智慧！會玩就有競爭力！

父母親的責任是什麼呢？陪孩子走人生的一段路，共有一份愛與成功的經驗，遊戲就是最好的親子互動模式，讓親子從遊戲中玩出聰明和智慧，孩子需要的不是教導而是用心陪伴，聰明的父母是陪孩子一起玩，在玩中培養孩子人際互動能力和自我肯定的正向經驗，在未來影響孩子前途的除能力和學歷，更重要的是孩子做人做事的態度和習慣，一切都在遊戲中培養哦！

——盧蘇偉◆板橋地方法院少年保護官

濃密的親情是靠「玩」出來的。錢鍾書逗女兒玩，每晚臨睡在她被窩裡埋「地雷」，把玩具、鏡子、硯台與大把毛筆全埋進去，等女兒驚叫，父女大樂。沈從文和兩個兒子玩「打鼓罵曹」的複雜遊戲，一面打孩子屁股一面哼唱京劇，惹得另一個擠過來：「爸爸該打我了，該打我了！」這兩個「愛玩」的父親擁有令人艷羨的親子關係，印證遊戲的魔力大過於訓斥。所以，會跟孩子一起玩的爸媽往往比會賺錢的受歡迎。

——簡媜✦作家、國家文藝獎得主

不可思議和令人振奮的書籍……太多有責任感的父母認為教養就是功課、接送和才藝，錯失了與家人共享樂趣的經驗。柯恩……鼓勵父母放下自尊以找回他們的孩子，他也詳細說明了行動的步驟……你會發現你可以和孩子更親近、更享受和他們在一起的時光。當我讀完這本書，我立刻想要去和我的孩子們角力，不能搔癢，而且要讓他們贏！

——湯普森（Michael Thompson）✦《該隱的封印》（*Raising Cain*）作者

這本書既明智又重要！柯恩闡明了遊戲……他針對我們身為父母的疑問及猶豫提供了豐富的點子和實例，傳達了他對父母和孩子的深刻理解和慷慨鼓勵。他明列了簡單的原則來讓父母嘗試，示範了遊戲可以造成的改變……對父母來說這本書的每一頁都充滿著希望。

——惠芙樂（Patricia Wipfler）✦親職領袖研究中心（Parents Leadership Institute）主任

根據柯恩的描述，任何年齡的孩子都持續地有連結、安全感和依附的需求；與父母的遊戲式互動是發展連結的重要方法……這本書以熱情來探究遊戲，但幽默的程度足以讓父母爆以肯定及期望的笑聲。

——《出版人週刊》重點評論（*Publishers Weekly*, starred review）

心理學家柯恩希望他每次被叫屁屁臉的時候可以得到五塊錢。他是一個好玩的傢伙，所以當小孩子用廁所字眼稱呼來測試自己的權力時，他會說：「噓，不要告訴別人我的祕密名字。」當然，孩子全都大笑，然後大叫：「柯恩的祕密名字是屁屁臉。」他說：「哈哈！我是開玩笑的。我真正的祕密名字是米飯糰。」或是「不要，求求~你不要告訴別人！」嬉戲就這樣打破了罵人的僵局，孩子們咯咯地笑而連結也建立了。如此一般，不是比生氣好多了嗎？

柯恩是波士頓的心理學家，他的專長是兒童遊戲，在《遊戲力》裡他讓平民百姓也能一窺心理師的專業機密。書裡面還包括一些與孩子連結、化解權力拉扯，以及用遊戲來管教的訣竅。

——古諾（Cecelia Goodnow）✦《西雅圖郵訊報》（*Seattle Post-Intelligencer*）

閱讀這本書，你會發現你可以與自己的孩子更親近，而且更欣賞他們。你會學到遊戲對你們關係的重大幫助，以及它如何影響孩子的人格發展。而且最重要的是，你也會享受其中的樂趣。

——拉芬尼諾（Donna Rafanello）✦《芝加哥父母》（*Chicago Parent*）

根據遊戲治療的權威柯恩所言，所有的孩子，不論年齡，都需要感到自己與父母的連結以及安全依附。柯恩在他所著的《遊戲力》一書，提供遊戲做為培養連結、解決行為問題及鼓勵孩子自信的一種方式，獲得了來自教育人士、小兒科醫師以及瞭解遊戲重要性的父母的讚賞歡呼。「遊戲是孩子表現他們內心感受及經驗的地方，他們不會、也無法用別的方式來告訴你。」柯恩寫道：「我們需要聆聽他們，他們也需要分享。這就是為什麼我們需要用孩子的方式來加入他們的遊戲。孩子們不會說：『我今天過得不好，我可以跟你談一談嗎？』他們會說的是：『你可以跟我玩嗎？』如果我們同意，他們會將發生的事盡其所能地表現出來。」

——艾倫（Sarah Allen）✦《波特蘭奧瑞岡人報》（*Portland Oregonian*）

透過遊戲，強化親子關係

王意中心理治療所 所長／臨床心理師
王意中

我們愈來愈不會玩，愈來愈不好玩。反映在管教這件事情上，更是如此。我們總是希望能夠使用一套得來速的方式，好面對親子教養這件事。然而，對孩子來說，眼前的重要他人：父母，少了趣味，沒了玩味。這時，對於親子關係的建立及維繫，往往基礎薄弱、地基不深、耐震係數不夠。

當我們習慣用「管」、想要用「教」來面對孩子，往往讓自己也耗盡了許多的心力，但殘酷的是，卻無法獲得相對應的成效。這時，也使得父母在教養上，失去了耐性。

演講中，我常常提到一件事：當你管不動孩子、叫不動孩子，那麼就陪他一起玩吧！其實，對於孩子來說，當他發現眼前的父母會陪他玩，會帶他去好玩的地方，會跟他講好玩的事，會帶回好玩的東西。好吧？甚至於，爸媽自已長得很好玩都可以。

當孩子發現爸媽好玩、有趣，是一對有意思的父母。這時，你會發現，原本疏離的親子關係裂痕就慢慢地縮小。甚至於，僅存必要的伸縮縫，留給彼此彈性，以避免破壞親子關係的結構。

親子之間透過遊戲，自然而然地讓爸媽在教養上，逐漸地感受到低耗能及高效能。透過《遊戲力——陪孩子一起玩出學習的熱情與自信》這本書，你將發現：開啟和孩子的遊戲模式，原來教養也可以如此輕鬆、優雅。在此，推薦給關心孩子的你。

透過遊戲，欣賞孩子豐富的想像力

敦南兒童專注力中心 技術長
廖笙光

我們都曾經是孩子，但我們忘記了，我們忘記如何遊戲，也因此無法了解孩子在想些什麼。在教養孩子的路上，我們常常過於理智，拚命的想要說服孩子，但卻忘記傾聽。

我永遠記得大女兒，在四歲時超級愛東問西問的，有一天她很認真地看著我說：「爸比，太陽下山去哪裡？」

這真的是一個超複雜的問題，要講到太陽系和九大行星，要和一個四歲的小女生說明清楚，真的是太困難了。或許是靈光一閃，因為這不是四歲孩子應該懂的，於是我就反問她：「那你知道太陽去哪裡嗎？」

大女兒超有自信的說：「太陽下山就去姑姑家，不然她們就沒有太陽，會很可憐」。

這個答案真的是太妙了，姑姑住在美國北卡，時差剛好十二小時。每次我們視訊，我們是早上，她們就是晚上，反之亦然。孩子們透過自己眼睛的觀察，運用自己大腦的想像，創造出自己的世界觀。是這樣的童真，又有趣的世界，比冷冰冰的科學知識，不是更可愛嗎？

為何我們會一定要說服孩子，聽從我們的才是正確的答案，硬要告訴孩子其實有九大行星，他的回答是錯的。請不要將我們與同事互動的模式，套用在天真又想像力的孩子身上，那不只會讓你情緒失控，更會讓孩子感到挫折。

就讓我們一起喚起，如何玩遊戲的記憶。透過孩子的遊戲，進入孩子的世界中，欣賞孩子無比豐富的想像力，相信你就會和我一樣，從和孩子的互動中得到帶孩子的喜悅喔！

譯序

放任與嚴厲之外的教養新選項

有天晚上我快要進入夢鄉時，女兒突然把我搖醒，「媽媽，我們來搶玩具好不好？」我知道她最近在幼兒園有些困擾，但很難弄清楚問題何在。一聽到她這樣建議，我整個人醒過來，抓住這個千載難逢的機會，和她玩遊戲。我問她要怎麼玩，她拿起一個枕頭說：「我們假裝搶枕頭，然後我搶輸了。」當她鬆手讓我搶贏時，她臉上的表情像是她的玩具「真的」被搶走了。

類似這樣的場景，相信許多父母及老師都曾經遇到過，我們多半選擇立刻教導孩子應變的方法，或教訓孩子一些規矩或注意事項，但這樣的反應跳脫了孩子遊戲的軌道，對他們的幫助可能不大。正如同許多父母及教育者都會觀察到的：孩子會自然地在遊戲加入他們所關切或困惑的議題。但是如何進一步參與遊戲並在適當的時機提供協助，則是我們必須再加以瞭解及學習的。

在《遊戲力》這本書裡，作者柯恩博士描繪出以遊戲為中心的教養藍圖，讓父母、老師，以及非父母的照顧者或陪伴者能夠瞭解遊戲對孩子的重要性、調整頻道注意孩子的需求、跟隨孩子的帶領、決定介入的時機等。這樣針對情緒、教養及遊戲的全盤討論在其他教養書籍或文章中並不多見，主要是教養及教育的問題林林總總，學派及觀點又各有所異，因此當我讀到這本書時，充滿了驚喜與感動。

柯恩所受的訓練是主流學院的心理治療，他以諮商及遊戲治療的背景結合了以非主流的互助諮商（Re-evaluation Counseling）為基礎的遊戲聆聽教養（playlistening），融會貫通成這套獨特的教養方法。與一般教養觀點不同的是，柯恩注意到了孩子負面行為背後的情緒問題及連結問題。因此，相對於一般常見的處罰、忽略或是正面增強的管教方法，他提供成人一個全新的角度來思考孩子的不合作、不專心、脫序或是攻擊的行為。

柯恩認為，大部分的行為問題都是因為孩子的連結出了問題，而他以平易近人的比喻來解釋依附理論及情緒智能，以豐富的實例說明在生活中運用遊戲式教養的方法。他對於如何在生活中善用遊戲來處理頭痛棘手的教養問題，不僅觀點獨到，而且易於採用，讓大人知道如何處理孩子反覆出現的生活及行為問題，也讓父母能夠真正地陪伴孩子成長，彼此擁有深層的情感連結。

這樣同時兼顧親子關係與教養責任的方法，提供了成人一個「中間的選擇」。多數的父母覺得自己必須在「放任隨和」與「嚴厲管教」之間做抉擇，要不就是想要尊重孩子但卻常有被孩子控制或無力的感受，要不就得板起臉孔修理或教訓孩子，難道我們只有這兩種選擇嗎？（或者在心中暗自期望孩子天生好教好帶，或問題會在一夜之間消失……）

以父母效能為中心的主張，要父母親以溫和堅定的態度來傳遞訊息和管束。在遊戲式教養法中亦然。無論如何，絕對沒有孩子故意要惹人討厭，因此苛責或羞辱都無助於問題的解決。但為什麼仍有孩子就是無法與他人和平共處，或是專注於學習活動呢？柯恩認為，如果我們只看到行為的表面意義，我們是無法幫助這些孩子的；也難怪很多孩子的負面行為持續多年無法得到改善。他教導成人辨認這些行為背後所傳達的訊息，然後根據這些訊息（而不是行為）來反應。這樣的思考方式突破了傳統教養的侷限，也讓我們更貼近孩子的世界，瞭解他們的情緒及發展歷程。

當大人以遊戲式教養的方式接近孩子的世界時，我們不僅在構築一座橋梁，也在為孩子的情緒智商（ＥＱ）打下良好的基礎，因為情緒智能不是一些社交技巧而已，它還包括了辨視自己情緒及他人情緒的能力，並決定反應及處理的方法。遊戲式教養絕不只是在緩和緊張及衝突而已，它是用孩子擅長的溝通管道，來幫助孩子處理自己陷入膠著的情緒或是觀點。即使孩子沒有任何明顯的行為問題需要解決，遊戲式教養依然能夠有效提昇親子之間的關係與連結。

現代的教養工作充滿挑戰，尤其父母親在工作及經濟上所承受的壓力，更是前所未有。在忙碌的工作後回到家中，又得照顧孩子的生活、功課及發展。這樣的處境，作者也表達了深切的理解和同情。尤其是現代父母的孤立和無助，被期望要獨力教好孩子，但得到的社會支持少之又少。因此，他主張父母應該要互相支持，並相信遊戲時間不會增加親職工作的壓力，反而是減少壓力的機會。他要父母放棄互相批評、改以積極的相互幫助，是一種重要的立場。畢竟，我們都受到了過多的批評，而批評的態度對於身處困境的人來說一點幫助也沒有。

這本書裡所提到的遊戲及其效能，只要父母在生活中用這樣的角度來觀察及嘗試，就會發現作者所言不假：以遊戲的方式來處理親子關係、孩子的行為問題、與手足間的爭吵，不但比責罰有效，而且不必以折損關係做為代價，最重要的是，父母本身也能夠享受在遊戲中教養的樂趣。從我們習以為常的教養方式轉換為以遊戲為中心的教養，最難的並不是「做」，而是「開始做」。希望讀者都有機會體驗與孩子遊戲的樂趣，並與孩子擁有真正深層的連結。

我在美國求學期間接觸了惠芙樂（Patty Wipfler）與柯恩的遊戲聆聽教養，回國後於是將此書推薦給遠流，並獲得遠流欣然支持其翻譯及出版，讓更多的父母能夠接觸到遊戲式教養這樣的另類選擇。身為母親並與許多家長一起工作，我知道父母與照顧者都不免有技窮及困惑的時刻，而周遭的人總要加上壓力，要我們以「特定」的方式來教養孩子。雖然我們內心不一定認同，但卻好像沒有更好的方法可以選擇。遠流的支持與出版，使得更有效的資訊得以廣為流傳。這是出版的貢獻與力量，我由衷地感謝。最後，要謝謝我的爸媽、大姊和先生陪我的孩子玩耍，讓我能夠順利完成譯稿。當然也要感謝孩子的體諒，犧牲了和我一起遊戲的時間，讓其他父母有機會讀到這本譯著，瞭解遊戲的豐富及美好。

前言

當我剛開始從事心理治療時，治療的對象主要是成人。我們花許多的時間談論他們的童年，因此我看到對一個孩子來說，和父母或另一個大人有良好的連結是多麼重要的事。自然而然地，當我有了自己的小孩時，就決心要建立並與孩子維持強而有力的連結。我很快地理解到這件事的挑戰性：親子之間的依附是天生直覺的，但當孩子越來越有活動和語言能力後，事情就變得更複雜了。

不管我過得好或糟，有沒有心情，我的女兒艾瑪總是想要玩。當我不想互動時，她要和我互動；我有別的事在忙時，她卻想要得到我的注意力；即使她自己在玩，她仍然需要我隨時回應。我對自己因此而產生的不同情緒反應與其強度感到訝異。我百般不願承認的是：我比較想做別的事，而不想坐在地上、滿足艾瑪對遊戲和關注似乎無止盡的需求。或者，我會坐在地板上，很快地睡著。

過了一段時間後，我的工作逐漸轉向兒童遊戲治療及對父母的支持。在成人治療裡父母的角色大多像壞人，但現在我開始看到父母在孩子的生命裡能夠創造出正面的力量。對我而言，父母需要養成的最重要技巧，就是遊戲。幸運的是，更好的遊戲技巧很容易學習，比我們所期望的人格改變容易多了。

我們都知道應該把電視關掉，花更多的時間在一起。可是然後呢？《遊戲力》就是一個指南，當孩子在面對新的挑戰、從傷害中復原，或正散發出他們年輕的活力時，它都能讓我們與孩子享受樂趣，不管孩子幾歲。遊戲式教養是加入孩子的世界、專注在連結和自信、發笑和角力、角色逆轉並跟隨孩子的帶領。透過《遊戲力》，你可以學習如何幫助他們度過情緒障礙，如何處理他們強烈的情緒（和自己的情緒）。你也能夠學習如何有效處理手足間的敵對和其他麻煩的問題，以及如何重新思考你對管教和處罰的看法。

最後，為了使自己成為希望和熱情的泉源，我們必須找到方法為自己添加燃料。遊戲式教養提供實際的協助，幫助我們成為最好的父母，而且是最富有遊戲精神的父母。父母可以學習如何在真心連結的嚴肅面與撒野玩耍的愚蠢面之間取得平衡。《遊戲力》不僅能協助解決各種家庭的困難，它對順利的家庭也會有幫助。這種教養方式幫助每位孩子享有更多樂趣，對成人亦有助益。畢竟，我們每個人也都需要遊戲與玩耍。

第1章

遊戲式教養的好處

遊戲是生命的本質。

——羅傑斯與薩依爾（Cosby Rogers and Janet Sawyer）

你記得孩子在嬰兒階段那充滿愛的凝視，或是幼兒時期張開雙臂給你的擁抱，以及分享床邊故事的親密時光，亦或寧靜地牽手漫步的時刻，這些都是我們和孩子之間的真誠連結，讓父母的辛勞有了代價。但是這些回憶並不尋常，我們更常發現自己與孩子處於對立的狀態：安撫不來的嬰兒、鬧脾氣的幼兒、到了該睡覺的時間卻不睡或在房間裡悶悶不樂的學齡兒童。

孩子天生的探索力和精力常演變成又吵又鬧，或者他們躲在房間、沈溺在電玩裡。在這個時候，我們的愛也被厭惡和煩躁甚至憤怒所取代。我們嘮叨或處罰，或說：「算了，你就待在房裡不要出來。」我們吼叫是因為我們已經無計可施，或者只是出自習慣。這些其實都是因為我們感覺無助、被拒絕或被撕裂。我們想要重新找回親子的連結，但即使我們仍愛著孩子，他們從前那種會把人融化的凝視似乎只是一場追憶而已。

在遊戲中使用遊戲式教養，是親子之間尋覓已久的橋梁。遊戲所賦予的活力和親密感，可以舒緩親職工作的壓力。遊戲式教養帶我們進入孩子的世界，依照孩子的步伐，培養出親密、自信和連結。透過遊戲，我們踏入孩子喜悅、專注、合作和創造力的世界。遊戲也是孩子順應世界、探索、理解新經驗以及從傷害平復的方式。但是遊戲對成人來說並不是件容易的事，我們已經忘了如何玩耍。孩子的世界和我們的截然不同，我們覺得對方的活動無聊而陌生：他們怎麼能花整個下午玩娃娃？他們怎麼能夠整個晚上都在聊天？

教養和遊戲好像是兩個矛盾的概念，但有時我們只需要些微的助力，就可以結合兩者。一次我帶九歲的女兒參加戶外音樂會，我們在一旁劃定的跳舞區內跳舞。另一位母親帶著他兒子過來，男孩把雙手抱在胸前害羞地不敢跳舞。他的媽媽帶著惱怒的口吻說：「你把我拉來這裡，然後你又不想跳了。」接下來會怎樣可想而知。於是我說：「哦，你發明了新舞步呢！」我學他的樣子，給他一個微笑。男孩母親弄懂了，她也學了我的樣子，對男孩說：「真的，你在跳舞呢！」然後我們一起大笑。男孩不再緊張，便開始跳舞了。我也再回到女兒身邊專心地和她一起跳舞。

這個例子就是遊戲式教養可以隨時隨地應用的例子。遊戲式教養從遊戲開始，它的應用還有更多呢！從安撫哭泣的孩子到一同逛街，從協商規則到處理受傷時的情緒，從上學前的準備到處理孩子對惡夢的恐懼。只不過這些簡單的互動經常因為夾帶了複雜和困難的情緒而使人卻步。

對大人來說我們的生活裡並沒有太多空間可以享受趣味和遊戲。我們的生活充滿了壓力、責任和辛苦的工作，即使我們願意試著和孩子一起遊戲，也往往因為對孩子的遊戲感到無聊和不耐而作罷。有時候，競爭的本性或是想要掌控全局的權威性，也讓一些父母無法享受遊戲的趣味。

我的女兒還在托兒所時，她發明了一個很棒的遊戲，幫助我以遊戲的方式化解督促她上學的焦慮。有一天她下樓來，躲在門後面告訴我：「假裝我還在樓上，然後我們快要遲到了，然後你真的很生氣。」我對著樓上，開始大吼大叫，生氣地跺著腳來回走動：「我們要遲到了，我要生氣了。快點快點！」這時候她躲在門後掩嘴竊笑。我又說：「你最好趕快下來，不然我要走了，我要自己去大樹托兒所囉！」她開始大笑起來，我一面開門讓她走出門外，一面假裝我要自己出門離開，並對自己說：「我好生氣，托兒所的老師看到我會問我說：『艾瑪呢？』我會跟他們說：『她還沒準備好，所以我就自己來了。』」她繼續竊笑免得洩露出她真的在我旁邊的事實。她發明了一個遊戲，為我發明的，讓我知道上學前的準備也很有趣。她發明了假裝生氣的遊戲，讓我不用**真的**生氣，讓我知道遊戲可以取代大聲吼叫，而且讓準備的時間變得更有效率。

孩子為什麼遊戲？

有一些孩子是領袖，另一些跟著領袖走；有一些喜歡玩家家酒，另一些喜歡玩球。但是孩子熱愛遊戲幾乎是從出生就開始的，兩三歲時最為明顯。遊戲可以發生在任何時間地點，它是一個平行的幻想與想像世界，孩子自由地選擇進出。對成人來說遊戲是休閒，但遊戲是孩子的工作，而且他們熱愛這份工作。遊戲也是孩子溝通、實驗和學習的主要方式。

一個不想或是不能遊戲的孩子明顯有著情緒的問題，就像不能工作或是談話的成人一樣。受到嚴重虐待或是忽略的小孩通常還要教導他遊戲，才能從遊戲治療中療傷。許多專家描述遊戲是一個地點——透過這個充滿魔力和想像的地點，孩子才能完全地成為自己。心理學家亞瑟蘭（Virginia Axline）說：「孩子可以自己創造一座山，也可以鏟平它。在這裡，他很偉大！」

遊戲就是有趣，但它也有嚴肅的一面，不但有意義而且複雜。越有智慧的動物，花越多的時間遊戲。人類的學習有些自然地發生，有許多則在遊戲中發生。人類的童年變得越來越長，表示有更多的時間可以用來遊戲。遊戲很重要，不只是因為孩子花許多的時間在遊戲上，還因為即使是最平常的遊戲，其中也有層層的意義。

舉最簡單的親子擲球遊戲來說：孩子發展手眼協調、訓練大肌肉、親子之間享受的特別時光、孩子反覆練習並展現新技巧、反覆丟擲的韻律所建構的親子互動，以及父母給孩子的鼓勵「丟得好」及「接得不錯」。但這個簡單的遊戲卻可能暗藏著強烈情緒。有一位來我這裡諮商的父親提到他可以從兒子丟球給他的力道，瞭解孩子有多生氣或是多挫折。我們一起試圖瞭解後發現，他兒子可能在問：「你能夠接住我丟給你的球嗎？我的情緒對你來說會不會太強烈？我這樣表達情緒安全嗎？」另一位父親提到，每次他的孩子漏接了球，便會挫折地哭泣起來，而且會大發雷霆：「我叫你丟低一點，你都沒有在聽。」這個例子中的孩子似乎是利用遊戲來表達他受傷的情緒，和眼前的遊戲並沒有直接關連。

並非所有的擲球或遊戲時間都包括以上所說的多重意義。但所有遊戲比一般認為的更具有深層的意義。遊戲是孩子學習成人角色和技巧的管道，就像幼小的獅子互相玩嘶吼和打鬥的遊戲一樣。孩子從遊戲中發現自己的能力，發展出自信和成熟。

遊戲亦是一個孩子學會親近、學會和別人產生連結的方式。黑猩猩喜歡在同伴的手掌上搔癢，特別是牠們剛吵完架的時候。這第二項遊戲的功能對我們來說格外重要，是人類對情感、親密與相互依附的需求。

遊戲對兒童的第三項功能，可能也是人類獨有的，就是從情感的傷害中復原。我認識的一個孩子有一些閱讀上的障礙，放學回家後她總是會試著做自己最在行的畫圖。在晚餐前她就會把自己完成的圖畫給爸媽看，在這個甜蜜的時刻，她和父母重新連結，重新回復她的自信，從她白天所感受到的挫折中復原。

在我進一步闡述遊戲的深層意義前，讓我再次重申，遊戲最重要的是有趣。和孩子花時間一起遊戲是一件有趣的事。如果你已經厭煩了每天早上都得催促孩子十二次，下次試試以歌劇般的唱法來傳遞你的要求。最少他會注意到你的聲音。在這本書裡你也會發現，遊戲式教養不只是遊戲而已。我們能夠以遊戲的方式或是更感性的方式來互動，不管是做家事、運動、做功課、看電視或是管教小孩。

培養親密、走出孤立

有些遊戲特別能夠把兩個人連結起來，培養親密的感情，像是躲貓貓、捉迷藏或是紅綠燈，就是有關靠近與保持距離的遊戲。孩子會發明遊戲以便和你產生連結，如果你問學齡兒童什麼是遊戲？他們會說，遊戲是你和你朋友一起做的事。我記得女兒五歲時熱愛幻想遊戲，當我對她感到挫折時，她有時會對我說：「假裝我是你的女兒，你是我爸爸，然後你在生我的氣。」我心想，這一點都用不著假裝，但是我們很快就以笑聲取代了吵架。這是女兒聰明的舉動，把我們緊張的關係改造成為更緊密的關係。而當我讀到黑猩猩也會假裝的遊戲時，我就更加感到印象深刻。

黑猩猩，特別是成年的雄性，會彼此打架，但牠們也是和解的專家。當兩隻黑猩猩無法和解時，其中一隻會假裝在草叢裡發現什麼好玩的東西。牠會叫其他的猩猩過來看。不過因為實在沒有東西可看，其他的猩猩會一一離開，但那隻和牠吵架的會留下來，繼續假裝一起在草叢裡發現新東西，然後興奮地跳上跳下。最後當牠們停止遊戲時，雙方又開始整理對方的儀容，恢復了友誼。

五歲孩子和黑猩猩，都知道如何利用遊戲來恢復情誼。但有時要恢復連結並非如此容易。有時孩子感覺孤立時，會躲在角落，或是變得更霸道。他們會以惹人厭煩、無理取鬧或是激怒他人的方式來表示他們需要一些注意力及幫助。這些情況發生時，我們需要為孩子創造更多的遊戲時間，而非懲罰或是隔離他們。

- 寂寞的孩子說：「我好無聊。」
- 十二歲的孩子哭訴：「沒人喜歡我。」
- 家長說：「我不知道我三歲的孩子在想什麼？他看起來好沮喪，而且不告訴我他怎麼了。」
- 你試著要孩子打電話給她的朋友，她尖叫：「我不要，萬一她不在家怎麼辦？」
- 一個八歲的孩子總是在運動場的角落站著，即使他認識裡面在玩的孩子，他還是說：「我不喜歡玩足球。」

父母對這些感覺孤立的孩子，最有可能的反應是被激怒或擔憂。我們可能會把重點放在這些惱人的行為上，而沒有看到底下所掩藏的痛苦，或是我們清楚地看到痛苦，卻無能為力。這些情況我們需要的是一把可以將孩子從孤獨的堡壘中解救出來的鑰匙，幫助孩子進入遊戲的領域。以遊戲的方式教養孩子，就是這把鑰匙。

有一對我認識的父母離開他們的兒子去度假一個星期，回來之後三歲的大衛變得非常黏人和煩躁。每一次媽媽要出門，或只是離開房間，他就會緊抱住她不放。他的媽媽告訴我：

「昨天我要出門去打網球，不過是我每週例行的練習而已，大衛卻不讓我走，他抱住我的腳，開始大哭。我解釋給他聽，我的球友在等我，打完球就會回來，他卻只是抱得更緊而已。這時我想到你說的，用遊戲來教養的方式。我用愉悅的聲音告訴他：『好了，媽媽不去打球了，我要跟你在一起，一起睡個午覺，我好累，枕頭好舒服。』我把他的肚子當做枕頭，假裝睡著並大聲打呼。大衛開始大笑，把他的手放在我的嘴上，不讓我大聲地打呼，我假裝醒來，問：『大衛呢？怎麼不見了？這個枕頭好舒服，我要繼續睡。』然後就躺回他的肚子上繼續打呼。他大笑幾分鐘後，把我拉起來說：『媽媽，快去吧，你快遲到了。』我們在門口親親再見，等我回家時他畫了一幅我打網球的圖給我。」

培養自信、脫離無力感

當孩子玩醫生遊戲時，你是否會擔心孩子開始玩起「我看你的身體，你看我的身體」的遊戲？即使是醫生的遊戲，也不過是孩子扮家家酒的一部分，他們對周遭的事物感到好奇，透過遊戲和練習，孩子獲得自信。

孩子也靠遊戲認識世界：因為幼兒並不知道地心引力，所以食物掉到地上一百次他們還是覺得有趣。扮鬼臉和製造噪音，對他們也是新奇的經驗。對學齡前兒童來說，遊戲是你選擇要做的任何事情。這種自信和自由選擇是遊戲的力量。幾個月大的嬰兒就有自己偏愛的手搖鈴，而且越是自己選擇的活動，就越有投入的動力。

我的女兒上幼兒園後有一段時間不喜歡自己換衣服。從她的觀點，她小的時候我會幫她做的事現在卻不肯了，而從我的觀點，她明明就可以自己穿的，現在卻找麻煩，不願意合作。她不願意表達自己寂寞的感受，而是堅持不要自己穿衣服；我則對她的表現退步表示不耐，不想在早上花時間幫她穿衣服。我花了好長的時間才明白，這樣僵持下去不是辦法，在無法可想的當下，我拿起她的兩個娃娃對話，我讓其中一個以不友善的聲音說：「我的老天爺，她不會自己換衣服耶。」另一個以愉悅的聲音說：「她會的，她真的會自己換衣服。」第一個聲音又說：「真是可笑，她只有五歲而已，她不可能會自己換衣服的啦。」我讓第一個娃娃在艾瑪自己換衣服時都正好沒看到，第二個娃娃則總是幫她說話，證明她會自己換衣服。在我玩這個遊戲時，艾瑪就已經自己把衣服換好，我呢，則以笑聲取代不耐煩的催促。

這樣玩了幾次後，她已經養成自己換衣服的習慣，不用我在旁邊陪她。當她偶爾需要我陪伴時，她不再以哭嚷的方式要求，而會說：「爸爸，你來假裝那個說我不會換衣服的娃娃。」艾瑪從寂寞、不願長大的苦惱中平復。我雖然需要投注時間在遊戲上，但是比起僵持不下、吵架或督促的時間，這些遊戲的時間有更大的投資報酬率。

孩子若是遇到過多的挫折，他們會退縮到一座充滿無力感的高塔之中，走出高塔需要的是自信。但他們的無力感有時以一種混淆的方式表現出來，就像一位媽媽告訴我的：「你說我的孩子有無力感，可是為什麼他在學校裡打人，連老師也不敢靠近他？」無力感是一個孩子築高來防衛自己的城堡，不但適合躲藏，也適合用來做先發制人的攻擊：「我討厭你，看我打你」「你好笨」「讓我當王我才要玩」。

> 遊戲是讓孩子走出孤立高塔的鑰匙，投入遊戲中可以幫助孩子建立自信，讓他們走出這座高塔。

培養從情緒苦惱中復原的能力

醫生遊戲不僅是孩子探索身體性徵的機會，他們玩醫生遊戲有時是因為真的有人生病或受傷。這是孩子藉由遊戲從情緒苦惱中復原的一個例子，不管他所經歷的醫療歷程嚴重或是輕微。一個三歲的孩子去診所打針，回家後他會玩什麼遊戲呢？當然是醫生遊戲。那他會想當誰呢？當然是醫生或護士。那誰會被打針呢？他的第一選擇通常是爸媽或是別的大人，如果沒有大人在場，他會拿玩偶或是娃娃。那他會要你做些什麼呢？你得大聲地喊：「我不要，我不要打針，**拜託**不要。我討厭打針！」你得假裝你真的很痛而且很害怕。

這樣的歷程讓孩子處於比較有力量的那一方。這是一種簡單的角色逆轉，讓接受打針的變成幫別人打針的那個。總是得接受注射讓他感覺自己沒有力量，讓他想到所有那些沒有辦法自由選擇要做什麼、要穿什麼的時刻，以及其他千百種無法自由選擇的事物。接受注射當然不是他要的，但是玩醫生遊戲讓他能掌握主導權，讓他看到大人也有無助、無力以及無自尊的時刻，讓他從情緒的苦惱中平復。

這種遊戲可能只是假裝的，但是從苦惱中平復的需求卻很真切。孩子選擇了這種假裝遊戲，因為他真實地經歷了打針的過程，他需要幫忙。這種遊戲不僅為了趣味而已，這次他需要的是再經歷一次整個過程，然後以咯咯笑的方式將驚嚇的感受表達出來。這就是為什麼孩子需要一而再地重複這個遊戲。

我們都記得漫畫裡有這樣的場景：老闆罵了爸爸，爸爸回家罵媽媽，媽媽罵小孩，小孩欺負弟弟，弟弟踢小狗，小狗在地毯上撒尿。要打破這個循環，大人必須積極地協助孩子復原。大人可以假裝成接受注射的病患，不用像孩子的弟弟一樣反問：「為什麼你總是當醫生？」更不會大喊：「媽，哥哥弄痛我了。」但不幸的是，文明的大人會說：「走開，我正在忙。」而不是跟他們一起玩。當然有時孩子需要的不是遊戲，而是你讓他爬到你的懷裡，哭著告訴你打針好痛。

當孩子試圖用這種遊戲的方式平復心理的傷害時，他們會因為不被瞭解而受到處罰或是挫折。他們可能會試著用非遊戲的方式，像是找到一根真的針然後刺他的弟弟或家裡的貓。或者他們會暫時隱藏自己的情緒，至少能藏到下次看醫生時，在診所裡大吼大叫。當我們看到孩子表現出恐懼、暴力或是失控時，我們不太能將這些線索拼湊起來。我們通常不會問自己，他最近有足夠的遊戲嗎？或是有機會暢談他自己的事嗎？更常見的是，我們會把它看成是問題行為，然後覺得憤怒或擔憂，並不會想到用遊戲的方式來嘗試解決。

我的朋友蘿莉在遊樂場和一位剛認識的母親聊天，並和她的兩個小孩一起玩。蘿莉對於高活動力的遊戲有較強的容忍度，所以這位三歲的小女孩和她的弟弟很快地到處爬上爬下。他們的媽媽看到了，覺得兩個孩子應該冷靜下來。蘿莉還來不及阻止她時，媽媽已經過去把兩個孩子拉下來，打了姊姊的屁股。蘿莉雖然想告訴她打小孩是不對的，但是在這種情況下那位母親一定聽不進去。於是她決定觀察那位小女孩。沒多久，這個女孩找了一根棍子要去打弟弟。蘿莉走過去，輕輕地拉開她，把棍子拿走，用一種輕鬆的口吻說：「哦，不不不，你不可以。」女孩大笑了起來，而且要和蘿莉反覆地再玩這個遊戲。想要揍弟弟的念頭已經煙消雲散。這位媽媽看到蘿莉如何化解了一個危險的情況，用不著以吼叫或是處罰的方式。

不難想像的是，如果小女孩成功地打了她弟弟會受到怎樣的處罰。母親可能會認為處罰這個女孩理所當然，而不會想到孩子的侵略行為起始於她自己先前對孩子不公平的處罰。相反地，這個情況以遊戲的方式獲得翻轉的機會。小女孩想用一種無效的方法反應出她先前被打的情緒——透過攻擊另一個比她能力小的孩子。這個惡性循環被遊戲所改造，有效地成為女孩平復創傷的機會。蘿莉所做的不必花費多少力氣，她只需靠近和觀察這個孩子，確定沒有人受到傷害，並運用輕鬆和遊戲的口吻來化解。小女孩利用這個機會玩「嘗試打弟弟」的

遊戲，而不是**真的**去打弟弟。

打針和打人只是孩子所需要平復的眾多傷害之一二而已。這些傷害需要獲得療癒。我們的需求不能總是得到滿足，我們也很難避免受傷或是被羞辱。還不只這樣。除了這些大大小小的創傷之外，孩子需要一些管道幫助他們消化日常生活的新資訊。畢竟他們的周遭有這麼多新的事物，而這些都需要有整理及探究的機會。幸好有遊戲幫助孩子平復傷害，整理新訊息。

一位父親打電話給我，告訴我他女兒的班上有幾位才剛開始學習英文的同學。對他女兒來說，這件事有極大的吸引力。有幾個星期的時間，每天放學回家，她都要求父親假裝用一種別的語言跟她說話。他們倆就會以嘰嘰咕咕的方式對話，假裝是另一種語言。這位父親有點擔憂，他認為別人會以為他們在嘲笑這些從蘇俄和日本來的移民。我告訴他不用多慮，事實上他女兒在做的恰好相反，是在培養對這些人的同理心。她以遊戲的方式處理她生活中全新的事物，而這是她知道的唯一方式，就是遊戲。

快樂的遊戲可以自動地化解些微的不愉快，但是當孩子卡在更大的情緒創傷裡時，並無法快樂地遊戲。他們被鎖在孤立或無力感的高塔中，不得其門而出。有時要分辨出孩子困在哪一個之中，是孤立還是無力感，並不太容易。你的女兒說：「我不想玩足球，我討厭足球。」然後你想，到底是因為她踢得比隊友差所以覺得不好意思，還是因為她在足球隊裡交不到朋友？一位一年級生在老師背後扮演霸王的角色，欺負每一個小孩。他是覺得無法融入這個團體而感覺孤立，所以要把別人都推開？還是他在測試他的能力，看看自己有多少能耐，看看別人會怎麼反應？

這些孩子，特別是那些經歷嚴重創傷的孩子，會花很多時間卡在自己的苦惱中，感覺孤立和無力感，而無法自在地遊戲。但即使是最健康、被愛得足夠的孩子，也會有躲在兩座高塔中的經驗，因為他們感到害怕、被過度的情緒包圍或是有被遺棄的感覺。想像一下孩子剛過了很糟的一天。回到家時，他們是否不太能自由快活地遊戲？而是躲藏起來、攻擊別人或是不斷地煩你呢？他們看起來是不是很像在回顧許多不愉快的記憶，而無法產生真正的喜悅或是閃出火花呢？他們可能是卡住了，只能喃喃地重複某些話語或是反覆地遊戲，無法注入新的點子，無法享受樂趣。他們的遊戲也可能看起來比平常更野蠻或是魯莽。這些都是無力感或是孤立的徵兆。

如果你不能運用遊戲幫助孩子平復，那麼他們可能會被情緒淹沒，像是暴怒。他們可能會把氣出在別人身上，到處頂撞他人，或是因為極小的挫折就痛哭。另外有些孩子會躲在房間裡，將所有的感覺封閉起來（像是呆滯地盯著電視看、強迫性地不斷地轉台）。他們看起來了無生氣，漫無目的。這一類情緒的問題經常會被大人忽略，因為封閉性的情緒問題很安靜，和「好孩子」沒有什麼兩樣。但是這種情緒並不好受。

當孩子把自己鎖在高塔裡面，把吊橋收起，做父母的要如何幫助他們呢？我們可能也會感覺無助，或甚至自我拒絕。我們也可能會躲到自己的高塔裡，充滿無力感和孤獨，這樣一來我們面對孩子的問題時就更加沒有效能。

- 「他真是被寵壞的搗蛋鬼。」
- 「我不知道該拿她怎麼辦。」
- 「我討厭自己對他們大吼大叫，可是下次我還是會吼他們。」
- 「他突然怕起水來，我已經付了整年游泳課的費用，所以他非去游泳不可。」
- 「走開，我現在在忙。」

遊戲是與孩子一同活動，將他們從封閉的情緒或是不守規矩的情境中解放出來的方法，到達一個可以創造連結和自信的地方。

成為會遊戲的父母

當我與父母親談到遊戲時，總會有人說：「我不太跟孩子玩，那是我先生的事。」或是「我的孩子自己就玩得很好，他們不需要我跟他們玩。」我很感激這些反應，因為他們激發我去解釋為什麼遊戲對兒童很重要，為什麼參與兒童遊戲對大人來說很重要，以及為什麼對任何願意嘗試的大人來說，我們都有可能變得更會遊戲。

接下來這十四章希望能提供讀者清晰的指南，要如何穿越孩子與大人之間的藩籬，發現如何讓心與心相連。遊戲式教養協助解決那些親職工作上最困難的問題：愛發脾氣的學步兒，在托兒所咬人的幼兒，焦慮的三年級生，失控的青春前期兒童。嬉戲與玩心化解了我們晨起上學前像打仗一樣的準備工作，減緩了一整天累積的疲憊，並重新修復了家庭的和諧。即使是在遊戲似乎遙不可及、沒人提得起勁來遊戲的時刻，遊戲式教養法仍能提供給我們幫助。當我們很疲憊或是在蠟燭已經燃盡的那端，我們會認為遊戲是有精神時做的事。但是當我們充分地享受與孩子的遊戲時，會發現原來我們還是有精力的，不但有精力可以玩，還有精力可以尋找創意的方法解決令人頭痛的問題。

很多父母告訴我：「我是不可能像你一樣搞笑的。」我不太確定這是稱讚還是侮辱，不過不管是哪一種，只要練習就可以做得到。我的女兒可能不同意，但是我的確是經過刻意訓練才變得像這樣搞笑的。我必須克服自己害羞的個性，克服跟她一同爬欄杆時的困窘，而不是像別的父母一樣坐在旁邊看。父母當然必須有足夠的成熟，能夠確保孩子的安全，準備晚餐給孩子吃，但孩子同時也想要並需要我們放鬆自己。我不認為與孩子遊戲的工作要交給其他人來做，即便其他人似乎更懂得如何遊戲，但為什麼要讓他們獨享所有的樂趣呢？

如果不遊戲，我們錯失的不只是樂趣而已。在遊戲中孩子表現出他們內心的感受及經驗，他們不會、也無法用別的方式告訴你。我們需要聆聽他們，他們也需要分享。這就是為什麼我們需要用孩子的方式加入他們的遊戲。孩子不會說：「我今天過得不好，我可以跟你談一談嗎？」他們會說的是：「你可以跟我玩嗎？」如果我們同意，他們會將發生的事盡其所能地表現出來。他們也有可能什麼都不說，而是等我們主動提出要求。等到遊戲結束，我們幫助孩子提昇了他們的自信，以及心中被愛的感受——這些正是孩子需要的，他們得以重新回到學校，解決自己遭遇到的問題。如果不認為大人會陪他們遊戲，那麼他們可能連要求都不會提出。他們只是按照日常的步調，我們也過著自己的日子，然後一再錯失和彼此重新連結的機會。

在我的工作裡我花許多的時間向父母講述將遊戲及玩心帶入家庭裡，這些家庭都是普通的家庭，但已經失去了一點熱情和快樂。舉例來說，我有一天到朋友康妮家去和她的兒子布萊恩玩，我到時比預定時間晚了幾分鐘。他們母子倆有些小爭執但不嚴重，對九歲的男孩和他的媽媽來說算是稀鬆平常。布萊恩不讓媽媽親親抱抱、說話帶刺、頂嘴、太沈迷於運動、輕忽媽媽以及任何女性化的事物。我之前和布萊恩玩過一次，因為我和康妮互相交換孩子遊戲，我和布萊恩玩些摔角和粗魯的遊戲，康妮則和我女兒玩芭比娃娃。我們兩個大人得以玩一些自己在行的遊戲。

這次當我敲康妮家的門時，我不知道會發生什麼事。因為康妮大喊著：「請進。」而布萊恩則喊著：「你遲到了，你這個笨蛋。」我進門之後，用遊戲的口吻說：「你剛才叫我什麼？」我追著他到另一個房間，他跳進沙發，而我用枕頭把他埋起來，我們開始玩枕頭大戰。康妮坐在我旁邊竊笑，她樂意看到布萊恩的敵意有了另一個發洩的對象，而布萊恩則很高興終於有一次不用因為自己在遊戲中表現怒意而受到懲罰。我也熱愛布萊恩能夠表露出他內心的感受。雖然不是以直接的方式，但是布萊恩怒罵我笨蛋、用枕頭打我，他表露出的是所謂的「內心的痛處」，是他在內心深處覺得自己愚笨以及受打擊的痛處。

我拿了一個枕頭扔康妮引起他的注意，畢竟她和布萊恩之間的關係才是最重要的。康妮對我說：「哦！我才不要呢。我也要一起玩嗎？」布萊恩回答：「沒錯。」我們一起玩三人的枕頭大戰。兩個星期以後，我跟康妮談到上回的遊戲時間，康妮覺得它大幅改善了她與兒子的關係。我讓她瞭解到兒子還是想跟她一起玩、和她親近。即便他看起來好像是希望她離得遠遠的。她也瞭解到，家事和雜事已經花掉她所有的力氣，她已經沒有精力再遊戲了。但從那次母子倆獲得一些有品質的遊戲時間開始，康妮看到她的兒子多麼需要遊戲，以及遊戲如何重新為他找到活力。從此之後，他們花更多時間遊戲。而從康妮的轉述中，我可以看到他們母子同樣地享受著遊戲的樂趣。

第2章 進入孩子的世界

與孩子相處時，帶著你的智慧和法寶，然後坐在地板上。

——歐馬利（Austin O'Malley）

我從八歲的鄰居傑米身上學到一個很棒的遊戲。傑米的小表妹來找他時，他會帶她到對面的公園盪鞦韆。他站在鞦韆的前面輕推她，等到鞦韆盪回來時，他會站在一個定點，讓她的腳幾乎快要碰到他的胸前。當表妹的腳碰到他的時候，他會誇張地往後跌倒，假裝生氣地站起來：「你最好不要再踢我了。」她會笑得很開心，然後他一直和她重複玩這個遊戲。

為什麼這個遊戲很棒？因為它涵蓋了遊戲的深層目的，而且還有著單純的趣味。兩個人的接觸，或是幾乎要接觸到，是一種建立連結的遊戲方式。而讓年幼的那位扮演較有力量的角色，能為他建立自信。除此之外，學步兒之所以叫做學步兒，是因為他們在學走路，經常會跌倒。由別人用一種好玩的方式假裝跌倒，可以讓學步兒以咯咯笑的方式釋放他們對走路的挫折。比起他們去找其他學步兒把他們推倒，或是因為走路太困難而總是纏著大人抱抱，要好得太多。

在思考如何協助孩子走出孤立或無力感的雙重高塔，並擁抱遊戲的活力和喜悅時，我經常以傑米的例子做為典範。首先傑米所做的最重要的事，是加入年幼孩子的世界。他走到與她同等的水平，以她認為最有趣的方式來玩耍。遊戲式教養就是像傑米對待他表妹的方式，起始點是與孩子建立連結的渴望，無限制補充愛、鼓勵與熱情的意願。放下身段也會有幫助，畢竟大多數的大人在嘗試蹲下來與孩子遊戲時還是有點僵硬。因為趣味和笑聲是進入孩子遊戲世界的代幣，我們需要練習如何放鬆心情。我們經常失去與孩子之間的連結，當它發生時，遊戲是建立起我們與他們深度連結的最好橋梁。我們必須準備好。

重新進入這個我們曾經熟悉的世界

在孩子棲身的這個遊戲王國中，許多成人卻感覺像個局外人。我們都曾經隸屬於那個國度，但現在彷彿已全然遺忘。我們或許會渴望地看著那個屬於孩子的世界，或者慶幸自己已經長大。許多成人，特別是忙碌的成人，會抗拒與孩子們一起玩耍。他們會說：「孩子喜歡在地板上玩耍，我不喜歡。如果我生來應該在地板上玩，那我的膝蓋就不應該發出嘰嘎聲，而我應該也不會介意把自己弄髒。為什麼孩子不能自己玩，或是和朋友玩，或是到外面去玩呢？」孩子當然應該能夠自己玩或是和朋友玩上一段時間。自己玩耍可以培養獨立自主的能力，而且也能讓父母有休息、工作或是煮飯的時間。孩子與他人一起自由地玩耍，能讓他們學習解決自己的問題，而不用擔心成人的介入。成人不必搬進他們的世界定居，因為孩子的確需要自己遊戲的時間。

但是孩子仍然需要大人花一些時間與他們遊戲。對大人來說這可能不是件容易的事，但它是每個人都可以下定決心練習而得的。最重要的是，它會為我們帶來樂趣。成人同時也擁有**幫助**孩子的權力，我們除了不妨礙孩子遊戲，或是保護他們不受傷害之外，還能夠積極地幫助孩子適性發展、從傷害中復原，並且與其他人維繫關係。既然孩子總是準備好要以遊戲來維繫關係、療傷和發展自信，那麼對大人來說，當然就應該義無反顧地陪孩子遊戲，以提供他們所需要的協助。

給孩子一些幫助

遊戲是孩子主要的溝通方式。要孩子不要遊戲，就好像要大人不要說話或思考。想要控制孩子的遊戲，就好比要控制大人所說的每一句話。若是完全不陪伴孩子遊戲，也就好像要大人一整天不跟別人說話一樣。

大人在遊戲中的角色可大可小。小至確定遊戲的安全、在孩子需要時現身幫他們一下。他們可能只是需要觀眾來欣賞他們的魔術或笑話，或有人幫他們把澡盆放滿水、或載他們到朋友家。這些時候，我們好像是僕人而非父母，因為任何人都可以做這些事，為什麼非得父母不可呢？即使看似如此，孩子還是需要他們最親近的人在身邊幫忙，雖然他們要求的幫忙並不多。

七〇年代，布萊恩及雪莉‧沙頓—史密斯（Brian and Shirley Sutton-Smith）曾經寫過一本很棒的書，談及與孩子的遊戲。他們舉了一個有趣的例子，我稱之為插花式的參與法：「在你忙著用吸塵器清理地板時，你的小孩突然提著包包經過你的面前，走到門口，跟你說再見。『我要去醫院了，再見，拜拜。』……你的角色是踏進這個遊戲一小步，不用太多。只需跟他揮手道別，然後繼續吸地板。……最後你問：『你回來了嗎？』他回答：『嗯。』你過去抱緊他，告訴他你有多高興他回來了。」

當然，這種插花式的參與方式，有時還是不夠。遊戲對親子來說有非常重要的情感意義，就像我們不加思索也可以呼吸或是走路一樣，孩子與成人自然地會利用遊戲建立連結、發展自信，以及從情緒傷害中療傷。但是，有意義的遊戲可能需要大人付出一些努力和體悟。以下的這些情況，孩子會需要多一些大人主動的參與和協助：

- 當孩子很難與同儕或其他成人產生連結時；
- 當孩子似乎無法自由和自發地玩耍時；
- 當孩子的生活出現一些變動時（如上幼兒園、弟妹出生、有親人離婚或死亡等）；
- 當孩子處於危險時。

接著就來談談遊戲如何扮演協助的角色。

1 當孩子很難與同儕或其他成人產生連結時

一位十歲男孩奧斯汀無法快樂和自在地玩耍。他有交友上的困難，難怪他只想玩粗野版本的足球遊戲。如果有人想跟他一起玩，他會很快地跑開，或在別的孩子想玩些不同的遊戲時表現出不悅。在他的父母前來諮詢之後，我們決定安排一些特別的遊戲時間，讓他和父親或母親一起玩。他們可以角力、玩枕頭戰或騎在背上在家裡走動；同時要給他更多的擁抱時間。如果奧斯汀開始表現出攻擊性，則稍做休息，然後再回到遊戲。這些微小的改變增進了他與同儕遊戲的能力。

孩子很難與其他人連結的另一個徵兆，是他獨自不快樂地坐著。大人需要加倍努力，帶入更高的遊戲性，以便吸引孩子走出他們的孤立感，與他人接觸。在遊戲中所注入的愛、情感和關注，可以幫助孩子發展與同儕遊戲的自信和玩心。

2 當孩子似乎無法自由和自發地玩耍時

我和同事羅斯（Sam Roth）為課後輔導的老師開了一門課。我們想為兩種要求不同成人參與程度的遊戲做一個區分，於是請老師描述「好」的遊戲，他們列出這些形容詞：變動、創意、有想像力、有趣、隨性、包容他人以及合作。我們再問，為了持續這種好的遊戲，孩子需要成人做些什麼？他們列出：安全、豐富的環境，一個他們可以進出的基地，遊戲和藝術的材料，以及當事情超乎他們能處理的範圍時有化解衝突的備案。而當我們問，什麼樣的遊戲是有問題的？他們的答案是：重複的、困住或卡住的、有侵略或攻擊性的、具破壞性的、無聊的或是排擠他人的。這種遊戲出現時，孩子需要大人提供他們一些結構、資訊、重定方向、熱切的情緒、新鮮的點子、冷靜、額外的注意力、引導和限制，而且幫助他們用語言把行為及情緒表達出來。

換言之，有些孩子似乎知道如何遊戲，另一些則需要被教導遊戲的規則、技巧、運動家精神。教導這些技能顯然是成人需要具備的另一個角色。我常驚訝地發現有孩子想玩，但不知道這些規則，也從沒機會練習這些技巧，而且無法忍受輸掉遊戲。這些都讓孩子很難自由和自發地遊戲。當一個孩子總是卡在棒球場的左外野時，可能只是因為他玩得不如其他孩子好，他需要的只是大人少許的介入，讓他多練習即可。而如果有一個孩子對每一項判決都要爭論不休，激怒了和他一起玩的朋友，他需要的可能是一些特別的遊戲時間，把重點放在運動家精神上頭。

3 當孩子的生活出現一些變動時

我的朋友琳達提供了一個很棒的例子，說明為什麼在家庭出現變動時，父母親需要多參與孩子的遊戲。她當時剛生下第三個孩子，兩個大孩子緊緊黏住她不放，要獲得她的注意力，因為他們覺得新生兒佔據了母親的所有時間。琳達發明了一個他們稱為「愛的填充瓶」的遊戲。她把每個孩子輪流抱在膝上，告訴他們媽媽要用愛灌滿他們。她從他們的腳趾親到頭頂。之後她又加進一個元素，叫做「愛之蛋」。她假裝把一個蛋在他們的頭頂上敲破，用手指把蛋汁抹進頭髮和皮膚，直到全身都佈滿媽媽的愛為止。兩個大孩子愛極了這個遊戲，每天都要求要玩。短短五分鐘的遊戲，便能使他們在媽媽忙於照顧嬰兒時自己玩耍，或跟彼此遊戲，也幫助他們對嬰兒的態度由攻擊與厭惡轉為愛與溫暖。

4 當孩子處於危險時

當孩子處於危險，尤其是來自其他孩子的危險，我們可以清楚看到成人的介入有多麼重要。有的時候，讓孩子自己遊戲、解決事情並不安全。接受我治療的成人患者中，有些曾在幼年時受到性侵害，傑克是其中之一。五歲時，他遭受鄰居兩位較大的男孩性侵害。這兩個男孩玩了一個遊戲，對他們來說可能很好玩，對傑克來說卻是創傷和虐待。我不在這裡詳述細節。傑克長大之後再度回憶，他瞭解到那兩個男孩嘗試著處理一些自己無法承受的痛苦，而他們處理的方式，就是把這樣的痛苦加諸於他。他們的痛苦可能是因為有人對他們很粗暴，或者在他們需要幫助時忽略他們。他們一定是有著成堆的痛苦感受無處發洩，所以只能找一個年紀更小的孩子來宣洩。

問題是，年幼的傑克根本無法幫助他們處理憤怒及攻擊性。他只有五歲。顯然鄰居父母也不想面對自己孩子的暴力衝動。男孩們帶著痛苦的感受走開，找到了傑克。大人無意或無能直接介入男孩的問題，同時也在孩子需要他們介入遊戲時缺席。

施虐的孩子需要一些正面的遊戲經驗來中斷及重組他們攻擊性的衝動。傑克也需要遊戲。他需要的遊戲和那兩個男孩不同，因為他回應暴力的方式是讓自己變得害怕而膽小。他需要玩的遊戲必須能夠幫助他回復自信，重新信任這個世界，走出孤立和無力感的高塔。因為沒有遊戲的介入及療癒，傑克只能等到他長大接受治療之後，才得以走出這個高塔。

幸運的是，大多數成人在遊戲中要幫助孩子處理的，並不像上面的例子這樣極端，但基本的原則是一致的：**孩子無法自己處理他們遭遇的所有困難**，即使父母及老師在心裡這樣希望著。

放下身段的重要性

在遊戲式教養中，「放下身段」指的是到孩子正在遊戲的地方和他們一起玩。還包括比喻上的意義，也就是玩孩子想玩的遊戲。與年紀較小的孩子，我們要蹲下來和他們一樣高，面對面地玩耍。對年紀大一點的孩子，要到他們的「遊戲場」去，不管是百貨公司、球場，或是電視、電腦旁邊。

放下身段還意指加入我們大人寧願忽略或是消除的遊戲。我在一次關於兒童攻擊性遊戲的演講中，一位幼兒的母親提出她的困擾，她兒子玩的遊戲是切下格鬥戰士人偶的頭來，讓他們從樓梯上摔下來。她滿心期待我能建議她如何消除孩子的這類遊戲，但我給她的建議卻是：加入兒子的遊戲，而且充滿熱情地加入他的遊戲。如果孩子處於孤立中，重複性的遊戲是無法改變的。孩子需要我們先給予認可和熱情，才能從他們深陷的溝槽中脫困。因此，即使你的目標是讓孩子停止這種暴力的遊戲，唯一有效的辦法是和他一起玩一陣子，在玩的同時提供他支點來嘗試新點子，以及處理自己攻擊衝動的方式。

英國的夏山學校曾經有位學生會在半夜溜出宿舍進行各種惡作劇。而尼爾校長（A. S. Neill）處理的方式是，在半夜穿著可笑的服裝把這位學生叫醒，問他下次要不要加入他。這位學生總是回絕他，而且教訓校長要改善自己的行為。學生的惡作劇也因而停止。

當這位學生在負責任及遇到困境的邊緣搖擺不定時，尼爾提供給他的，是一種特別的遊戲。尼爾讓自己在夜半以可笑的方式現身，給予學生重新思考整件事情的機會。當我們不停地對孩子耳提面命，什麼該做、什麼不該做時，孩子並沒有空間為自己思考，而被迫要在兩者之中選擇：怨恨而勉強服從，或是目中無人地反抗。以遊戲式教養的角度幫助孩子為自己思考，即使是嚴肅的問題。

當父母親在地板上與孩子一起遊戲時，他們能提供孩子很多的資源。有些資源是有形的，像是好的玩具、舒適的房間，以及健康的零食。有些則是無形的資產，像是引介新點子到遊戲中。

當我思考加入兒童遊戲的不同方式時，我總是想到麻州劍橋醫院的心理醫師哈文思（

Leston Havens）的例子。他在寫到成人心理治療時，曾提到諮詢病患時醫師的座位安排。當我思考在遊戲式教養中應如何加入孩子的遊戲時，我經常想到哈文思。有時我們必須與孩子有身體上的親密接觸，像是擁抱或摔角。而在追逐或是抓鬼的遊戲中，距離則不停地在改變。下棋的距離保持一致。併肩而坐的遊戲，則很像是兩個不多話的男孩，非得這樣坐著才可能順利地談起話來一樣。擲球遊戲雖然保持距離，但是球所代表的就是連結的橋梁。而下一章裡提到把自己反鎖的男孩，則又是另一種距離。你的課題是找到孩子能夠回應你的方式，而只有當你在孩子的層次和他互動時，才能找到一個合適的方式。

孩子總是需要自己或與同儕遊戲的時間和空間。事實上，當大人有效地參與孩子的遊戲時，孩子會更加地享受自己遊戲的樂趣。當孩子需要我們更積極地加入他們的遊戲時，我們需要先瞭解，為什麼我們自己很難進到遊戲中。

大人為什麼很難遊戲

還是孩子的時候，我們並不常跟大人一起玩。我們之前的世代，也並沒有太多童年的遊戲時間。一直到近年來，孩子才花比較多的時間玩耍。增長的遊戲時間對幼兒的發展有莫大的助益，但是在青春期或成年前期我們差不多就停止遊戲，也忘了怎麼遊戲。我們以競賽性的體育活動或是休閒取代遊戲，但是這些活動的自發性、創造性及自由度都遠不及兒童的遊戲。因著缺乏練習的機會，以及成人過多的外務及憂慮，我們喪失遊戲的能力，也失去了與孩子相處的機會。

對於父母來說，失去與孩子連結的能力更是莫大的損失。我們和孩子之間隔著一道牆，孩子坐在牆的另一邊，等待我們以他們的方式和節奏來與他們連結。我們必須採取行動，而非等待或是放棄。即使我們一點意願都沒有，還是得**選擇**遊戲。不巧的是，前面提到幾種孩子最需要大人介入遊戲的情況，對大人來說，也正好是最難以和孩子遊戲的情況：

- 當孩子無法和我們或他的同儕做連結時，我們通常也會感覺到自己與孩子之間的連結斷裂，同時會覺得難過、無聊、易怒，而不是想要遊戲。
- 當孩子玩些重複性高、具攻擊性或是禁忌的遊戲時，我們會想要處罰、忽略或是遠離他們，就是不想加入他們。
- 生活中的變動對大人來說一樣地困難。當我們忙於處理生活中的巨變時，相對也比較沒有時間和專注力能夠關照孩子。
- 當孩子處於危險中時，我們可能會過於擔心，而變得無法遊戲（孩子可能正是因為大人疏於照料而陷入危險的）。

或許我們曾經發誓，絕不會像其他大人一樣對孩子這麼嚴厲。但就正在孩子最需要我們的時候——當他們反抗、不乖和怒罵時，我們憤怒地處罰他們、覺得受傷或是把他們隔離。我們在當下忘記了孩子有多麼脆弱，就像他們也會忘記要合作、分享、冷靜或是守規矩一樣。當生活中有巨大的變動時，我們自己也有很多的情緒。孩子得不到需要的加倍關照，就會變得不講理，而我們仍然很難撥出精力照顧他們，就這樣我們與孩子之間的鴻溝越來越深，難怪教養工作是如此的困難！

大人也有一些自己從童年時期累積下來、未經療癒的傷害，阻礙我們與孩子遊戲、幫助孩子療傷的能力。一位我幫助過的母親，她五歲的女兒憂鬱而落寞，但母親似乎看不到問題根源何處。在開始與女孩遊戲之後，我可以看到問題何在。女孩無法維持與人之間的連結，她總是像隻受驚嚇的小貓般躲在角落，而我在遊戲之中必須以不同的方式嬉鬧地將她帶離角落。當我與女孩建立關係後，我邀請母親加入遊戲。母親雖然表現得僵硬而不自然，但是母女倆十分樂於藉由我的帶領瞭解如何一同遊戲。母親逐漸看出，因為她無法主動與女兒產生連結，女兒已經受到嚴重的影響。母親過去以忙碌或是疲累為由，成功地讓自己避免遊戲，以便不要在遊戲中面對這些感受。在母親主動處理自己在親密關係上的障礙後，家庭的動力就產生很大的改變。

大人避免面對那些不好的感受，理由當然很充分，因為它們會帶來不舒服或痛苦。除了這些感受之外，還有什麼能阻止我們和最愛的孩子一起玩耍呢?避免面對自己的感受，其實對家庭有相當嚴重的後果。有時大人必須坐在地板上和孩子一起玩，才能知道自己想避免的感受到底是什麼。一位大人曾告訴我：「和孩子一起玩，並不是一直都會很好玩，但我還是會去玩，因為最後我們都會很快樂。我選擇多玩一下的時候，孩子也會更願意在日常生活中配合大人。」

在與孩子遊戲時，我們可能會覺得無聊及疲憊，有時我們會生氣，或是以僵化的方式回應孩子的遊戲，甚至管得太多，對孩子發怒。有些大人則會在孩子無可避免地哭泣或是弄亂東西時，才會爆發出來。另外有些大人會在遊戲中和孩子競賽起來，一定要建造一個比孩子更高的樂高塔。有些則是覺得無助，害怕受傷，不敢和孩子玩角力等等。孩子需要我們，要我們跟他們一樣想遊戲，要我們努力克服自己的情緒。我從未遇到任何大人，能和孩子玩上一整天而不產生上面所提到的這些感受。第15章裡我們會談到如何釋放自己的這些情緒：解套的方式是找到其他願意誠實面對自己感受的大人，談談自己的感受；讓自己有機會休息，補充精力和孩子一起玩。最重要的，是肯定自己的努力。遊戲不是件容易的事，我們都會有無聊、生氣或是惱羞成怒的情況。

接下來我想談談兩個經常被排除在遊戲之外的群體：父親和非父母的成人。

所謂「父職」：盡父親的責任

厄普戴克（John Updike）經常寫到身為丈夫和父親的疏離感：「如果男人不跟孩子說大道理，他們就不像男人，而只是吃東西和賺錢的機器罷了。」厄普戴克捕捉到了現代社會男性被排除在家庭核心之外的窘境。父親的教養能力很少受到肯定或鼓勵。他們的角色被窄化，很少被期待要肩負起和孩子玩耍的任務。有一次我太太不在家，我母親正好打電話來，卻發現我獨自在和女兒玩耍。她說：「哦，你在當保姆喔。」我盡可能禮貌地回答她：「不是，我在盡父親的責任。」她立刻道歉，知道自己說錯話了。在她兒時父親在家庭中的參與有多麼微小，小到花時間和孩子玩都不過像保姆而已。

父親是男人，也是雙親之一。不幸的是，他們被訓練成為男人，而非父親。男性化的磨練有些反而成為扮演父親角色的障礙，特別是牽涉到遊戲或和他人做深層的連結方面。男人於是在教養工作上覺得無助，而大部分的男人又厭惡無助的感覺。

當我女兒還小的時候，我的雙親來訪。我爸爸抱著艾瑪，艾瑪開始哭泣。他檢查她的尿布沒有濕，也知道她才剛吃飽。爸爸就把她交給我，但我對他說：「我能做的，你都做了。」他嚇了一跳。他一直以為一定有些什麼訣竅可以讓嬰兒停止哭泣，只是他不懂而已。我的父親並不是特例。值得慶幸的是，過去十年之間有越來越多的父親開始分擔教養責任，也開始有全職奶爸或是義工爸爸的出現。但父親仍然較難與孩子產生連結，女性在全職工作之外，仍必須承擔大部分的家事、幫孩子檢查功課或是照料孩子。這種現象的確很不應該，但對被排除在教養工作之外的男人來說也是一種不幸。

我和朋友麥可在我們的孩子幾個月大時就開始了一個父親的支持團體。我建議父親都應該組織類似的團體。這個團體開始時大家的小孩都還是嬰兒，許多父親會在嬰兒開始哭泣時就忙著起身要回家。他們以為孩子需要喝奶了。我必須花時間解釋，讓他們知道，嬰兒除了飢餓之外，還會因為許多其他的原因哭泣，而他們的媽媽也不是用餵奶來解決所有哭泣的。父親錯失了許多擁抱著哭泣嬰兒的機會，聆聽嬰兒用他們所知道的語言——哭泣——表達心裡的感受，也錯失了嬰兒在自己懷裡得到安撫的機會。這些父親在孩子幾個月大時擁抱他們的時間，就已經遠遠超出這輩子被他們的父親擁抱過的時間了，但他們仍舊無法忍受哭泣。

也有一些極端的例子，有些父親自始至終與家庭完全沒有連結，也不瞭解留在他們背後的遺憾和破洞。他們或許會選擇待在家庭裡，但是情感上並沒有真的投入，即使偶爾和孩子一起玩，也無法產生連結。真正的父職必須投入日常的親職與教養工作，諷刺的是，一些男人是在離婚後才真正經歷到這些日常的親職事務。他們變成兼職的父親，卻首次感受到做父親的責任。有些男人寧可不要相信自己有價值或是被愛著；我們傾向於相信自己是可以被取代的，或是可以被交換的。我聆聽過許多男人的哀傷，當他們發現自己真的被需要時所感受到的震驚。但他們仍不明白，自己確實有時間和精力可以投入父職工作之中。

從另外一個角度來看，父親總是能夠參與孩子的摔角或是打鬥的遊戲。肢體角力或是運動遊戲是傳統父親被肯定的參與方式，只是不要玩得太過激烈就好。例如，常和父親玩打鬧遊戲的男孩能和別人相處得比較好。其他像是帶動氣氛、把嬰兒拋到半空中，或是在特別場合中參與遊戲，都是父親比較熟悉的。這些活動都很重要，孩子需要這些遊戲。但是父親和孩子之間仍然需要普通的、日常的互動。

父親和男人具有潛力，能對孩子的生命形成重要的、正面的影響。孩子需要父親一起玩他們傳統擅長的體能遊戲，也需要父親擴展他們的潛能，和他們擁抱、安慰他們或是玩扮家家酒。我常在想，為什麼父子之間經常要玩擲球遊戲？我認為這是因為擲球遊戲是一種築橋的遊戲，而父子之間常苦於如何拉近彼此之間的距離。隨著男人投注更多的親密感，父親也不用再擔任親職教育的旁觀者了。

給非父母的成人

如果父親在孩子的遊戲中像是個旁觀者，那麼非父母的成人就更加被邊緣化了。母親被期望要做所有的事、扮演所有的角色，並且不能期望獲得支持或幫助。但是非父母的成人可以在孩子的生命中扮演一個獨特的角色。你是否曾經有自己最愛的叔伯丈舅或是父母的朋友，會坐在地板上和你一起玩大富翁，或教你玩一些小把戲？還是有阿姨姑嬸在你青春前期渴望成為大人時，帶你去喝下午茶？

這本書談的雖然主要是父母親和他們的孩子，但是這些原則同樣適用於朋友、保姆、祖父母、老師、遊戲治療師等等。事實上，書中所提到的遊戲和活動，對於非父母的成人特別地合適。父母親和孩子經常會陷入僵局，使得遊戲時間變得索然無趣，很快地雙方便不想再一同玩耍了。這時其他大人可以介入，協助解開糾結，讓遊戲能繼續。我在工作中最常做的事便是運用遊戲時間協助家長與孩子建立關係，然後讓大人在我的協助下加入遊戲，學習如何與孩子連結，充分地運用遊戲時間。我身為心理師的專業幫助其實並不大，但是非父母成人的身分可以做為以遊戲來重建橋梁的媒介。

當女兒還很小的時候，我和我太太都不習慣家裡亂糟糟的情況。一直到我們的朋友蒂娜來跟艾瑪玩時，我們才察覺自己的侷限。那天我們回到家裡時，發現蒂娜正在廚房和艾瑪開心地玩著一鍋湯，有一碗湯倒到蒂娜的頭上，旁邊還有一灘湯汁。在當時唯有不介意混亂的蒂娜才能給艾瑪這樣的一種遊戲機會。

我的意思並不是遊戲對非父母來說就比較不困難。有些非父母的成人仍然很難進到遊戲中。不過由於他們自己不是孩子的父母親，可能會有比較多的精力和耐性處理父母和孩子容易困住的部分。但是，他們也可能比較不瞭解整天與孩子在一起的感覺，或者對自己所能扮演的角色感到困惑。做父母的需要提醒這些非父母的成人，他們對我們的孩子是多麼特別與重要。

由於這個社會並不重視遊戲，保育人員、營隊或課輔老師、解說員這一類職業的專業也無法獲得應有的重視，連帶他們的收入也少得可憐。這些都是因為社會把他們視為保姆，而不是遊戲的專業人員。有效率的遊戲領導者需要有技術上的專業和富有創造力的好奇心，擁有對兒童的知識、幽默感、領導能力，以及建立社群的能力……他們還需要知道兒童遊戲的原則。

最後我要講一個非父母成人的故事：我認識一對沒有子女的夫妻，住在一條有許多小孩的街上。他們的院子經常成為附近孩子聚集的場所，主要是因為這位先生很會跟孩子玩。有一天太太到屋外問孩子們要不要喝檸檬汁？然後轉身進屋準備。其中一個孩子對這位先生說：「你的媽媽人真好！」非父母的成人，即使他們是成人，也可以被孩子認同為同儕的一員，這是父母親做不到的。孩子總能從一位善解人意、尊敬他人的大人身上獲得支持。

調到孩子的頻道

《教室中的靈長類》（*Primates in the Classroom*）一書中描述在一九五二年一群研究者想從觀察一群日本獼猴瞭解靈長類動物的行為。他們丟了一些番薯在沙灘上給獼猴，猴子雖然喜歡番薯，卻不喜歡沾在上面的沙子。其中一隻小母猴首先發現可以用海水把番薯洗乾淨。既然猴子沒有所謂的學校或是正式教育，研究者對於新知識如何散播出去感到興趣。首先是小母猴的母親，因為會對一歲半的幼猴感到興趣的恐怕也只有牠的母親吧。這個新知從小猴傳給母猴、再由母猴傳給小猴的兄弟姊妹。因為小猴子會在一起玩耍，所以小猴的朋友也學會了這個新知。朋友的母親是下一波，然後再經由母親傳給其他的小猴。最後學會的，是猴群裡唯一的十三隻成年公猴。公猴並不抗拒新知，牠們只是沒注意到發生了什麼事而已。

這個故事或許可以解讀為調整頻道來注意孩子的重要性。在孩子不再需要我們密切照顧後，我們就不再對他們的情況保持注意力了。孩子雖然需要獨立，但也需要我們調頻接聽他們的感受以及發現。

第一件要注意的是**孩子需要什麼？**他們需要支持來解決問題嗎？他們太餓或是太疲憊了嗎？兩個孩子需要分開獨處一下嗎？他們需要到外頭去盡情地玩耍嗎？或者他們需要一些注意力呢？每當有大人說，孩子做這做那「只是想引起大人注意而已」，我都會覺得很驚訝。很自然地，那些需要注意的孩子會想盡辦法獲得注意力，那麼為什麼不給他們呢？

人類的孩子如果受到忽略，後果遠比忽略小猴清洗番薯嚴重得多。《我們周圍的仙境》（*The Singing Creek Where the Willows Grow*，中譯本風雲時代出版）作者懷特利（Opal Whiteley）是一位天才，但是她的父母除了罵她之外，從未注意過她，她對自然事物驚人的觀察力於是被忽略了數十年。

我的朋友蘿拉和她十歲的兒子大衛玩了好幾年的熔岩遊戲。他們會站在床上，假裝地板都是高熱的熔岩，而自己必須安全地停留在床上。她說道：「有時我們會解救對方，有時我們會把對方推擠下去。」而他們運用這個遊戲來傳達生活中重要的議題：失敗、危險、解救或者攻擊。或許不自覺，但是他們依據當時的情緒改變遊戲的方式，這就是「調頻」。

有些科幻小說會提到一種宇宙翻譯機，可以將各種語言翻譯成英文。你的翻譯機是要把孩子找麻煩、煩人的行為或是話語，在你的腦袋裡轉換成更有效的語言。在遊戲式教養中，若是你能聽見或看見那些暗示著親密或孤立、自信或無力感的語言，對孩子會更有幫助。以下是一些例子：

原始版本：六歲的男孩一走進安親班，就去打他最喜歡的老師，然後躲進桌子底下。

翻譯：「我想靠近你，但靠近是一種很嚇人的感覺。而且，如果我對你生氣，你大概會討厭我，所以我就先討厭你好了。」

體貼的回應：「我想你會打我然後躲起來，是因為你想接近我，但是又不太敢。那這樣好了，下次你來的時候，我們就先伸出手來擊掌，好不好？」

原始版本：「這個作業真是笨透了。」

翻譯：「我覺得很挫折，因為我還不會做分數的習題，你可以幫我嗎？」

體貼的回應：「我很願意幫你一起弄懂分數。」

原始版本：「我討厭你。」

翻譯：「我不知道怎樣對我愛的人生氣，這種感覺好令人困惑。」

體貼的回應：「我愛你，如果我對我愛的人生氣，我大概也會有這種困惑的感覺。」

當孩子的行為不合常理時，我們就要試著用這樣的方式翻譯。在一個課輔老師的研習中，法蘭克告訴我們一個令人困擾的問題。他有一隻假眼，而每當有孩子問他時，他總能根據他們的年齡層來回答，告訴他們假眼是怎麼來的。可是孩子們總會一問再問，一開始他會耐心回答，久而久之，他逐漸懷疑孩子是否帶有惡意。但我在猜想，孩子聽到他真誠地分享自己的故事時，可能感覺自己與他之間產生深刻的連結。而孩子想重溫這種感覺，特別是孩子們比較習慣說「我還要」而不是「我們來做點別的吧」，所以便要求他重複訴說他的故事。

原始版本：「你的眼睛怎麼了？」（第四次問了。）

第一種翻譯：「嗨，法蘭克，記得上個月你分享有關你眼睛的事嗎？當你以輕鬆而誠懇的方式回答我時，我覺得你好棒，因為你不是告訴我，這不關我的事而已。我覺得你是一位可以親近的人。」

體貼的回應：「我已經說過好幾次了，我們一起來做一些其他好玩的事吧。」

第二種翻譯：「我有各種擔心、憂慮和恐懼，我很怕聽到有人生病或是受傷，不管是自己或是我在乎的人，可是又很難開口談論這些感覺。我不喜歡害怕的感覺，我也不希望有人覺得這些擔心都是多餘的。所以，與其直接談論我的感受，我想再問你一次你的眼睛怎麼了？因為當你談到你的假眼時，我可以感覺到你既放鬆又冷靜。」

體貼的回應：「我知道你對我的眼睛感到很有興趣。但是因為你一直問，所以我猜你一定有其他我們沒有談過的問題或是想法吧。」

調整頻道來注意孩子並不表示我們要質問孩子每一項生活中的小細節。反之，我們可以先說一件自己今天發生的事，然後孩子可能會以一個自己的故事來回應。包括我自己在內的大人經常犯的錯，便是打斷孩子正在說的「無關緊要」「無意義」的事或者重複說的話。然後，我們又要求他們說一些我們想知道的事。這不太公平。即使孩子說的事似乎不重要或是很愚蠢，我們仍必須耐心地聽。他們很自然地會想知道我們是否認真在聽，會不會打斷或責罵他們，然後才會告訴我們一些重要的事情。

我們所渴望的連結，被深鎖於身為父母、老師和朋友的例行責任及事務之外。但是人類關係總在連結、斷裂和重新連結三者之間改變著。遊戲式教養可以引導我們度過這些改變。藉由加入孩子的遊戲，我們打開通往孩子內心的門鎖，和他們真心相連。

第3章 建立連結，修補關係

「停！你們都給我停！」阿奇（Max）說：「現在你們統統去睡覺，不准吃晚飯。」野獸大王阿奇忽然好寂寞，他好希望能回到最愛他的人身邊。

——桑達克（Maurice Sendak），《野獸國》（*Where the Wild Things Are*）

在桑達克的童書《野獸國》裡面，阿奇因為撒野或是不乖，他的媽媽罰他不能吃晚餐，直接去睡覺。阿奇幻遊到野獸國，成為野獸的國王。當他覺得寂寞而想回到那個有著「最愛他的人」的地方時，他航行回家、發現仍然溫熱的晚餐已經放在桌上等著他。媽媽原諒了他，而兩人之間的連結重新建立了。

這本童書已經風靡了兩個世代，因為孩子和父母被書中呈現的人際循環所感動：孩子違反了父母的規定而被處罰，然後運用幻想遊戲來抒發自己的感受——知道自己從遊戲中返家時會有母親的愛在等著他。在《野獸國》一書中，我們並沒有真的看到阿奇和母親重新和好，我們只看到溫熱的晚餐。在童書中選擇這樣來呈現結局，不過在現實中的大人可能需要更詳細的說明，以完成這個複雜的連結和重新連結的歷程。

連結、斷裂和重新連結

連結、斷裂和重新連結在嬰兒和孩童時期不斷重複地上演著。在生命的初期我們有九個月的時間和母親直接地連結，分享她的血液和氧氣。然後，為了能擁有自己的生命，我們被迫放棄這種直接的連結。一旦進到寒冷的空氣和光亮的世界中，我們立刻嘗試和母親再度連結，找尋她的溫暖、接觸和食物。之後，我們環顧四周看看還有誰在我們身邊。

連結很容易可以看出，卻很難定義，大概是因為我們在生命的不同階段經歷了不同形式的連結。在嬰兒和他們依附的大人之間，連結是一種「眼睛之愛」，彼此凝視、自由流動的感覺，一種合而為一的深層歸屬感。而在孩童、青春期及成人時期，我們持續與父母、兄弟姊妹、朋友以及配偶連結、斷裂和重新連結。之後，我們與自己的孩子遵循著這個模式。在這些階段之間，還包括最不陌生的台詞：「你們不要再管我了，可是先給我五百塊。」

如果一切順利，取代眼睛之愛的是雖然深刻程度不同但仍穩固的連結。你和孩子能夠輕易地談天、玩耍或是相處，享受與彼此相處的時光。

這些相處的時光可能相對平靜，像是睡前或活動性高的遊戲時間。再下一個層次是比較隨意的連結，毋需言明的連結，只有在衝突或是距離出現時，才會注意到它的消失。

極端的例子是斷裂中最為疏遠的類型：惡夢般的痛苦、孤獨、退縮和攻擊。我學到最多有關斷裂的經驗，是在輔導那些因暴力犯罪而進出監獄的受刑人時。但即使是健康正常的孩子，也會有連結斷裂的時候。當孩子覺得寂寞、害怕或是感受到無法承受的壓力時，他們可能根本不知道這是一種失去連結（斷裂）的感受，因為沒有孩子會走到我們身邊說：「我覺得我被排擠了。」當我們質問他們：「為什麼你怪怪的？」他們也不會說：「因為我覺得寂寞。」

當一切都很順利時，遊戲式教養可以讓我們一起快樂地玩耍。其他的時刻，遊戲式教養可以把孩子從孤立的高塔中釋放出來。遊戲是一種自然的方式，讓孩子從他們每天的情緒起伏中復原，因此，我們大人越是熟悉遊戲的方式和語言，就越能幫助孩子走過連結的循環。重新連結的過程，有的比較簡單，像嬰兒與母親之間在哭泣後深情地對望，或者放學回家的一個擁抱，或者在協商出就寢時間後彼此握手言和。有時重新連結的過程會比較顛簸，像是和孩子坐到地板上，或是花一些時間做孩子最喜歡的事。有些妨礙連結的阻礙過於艱難時，可能還需要家庭治療或是遊戲治療。

倒滿我的杯子：依附理論和重新連結的動力

兒童心理學家總會談及依附理論，但是這個概念尚未被父母充分瞭解。所以我想用一個比喻說明：倒滿和再加滿杯子。孩子主要的照顧者就像孩子的蓄水池，是孩子探險出發和返回的地方。飢餓、疲累、寂寞或傷害會倒空孩子的杯子，然後他會需要照顧者用愛、食物、舒適和營養填滿他的杯子。除此之外，照顧者把杯子加滿的行為還包括在孩子生氣時安慰他、遊戲，和暢談快樂的事。像我們跟嬰兒玩的鏡子遊戲，把他的表情、微笑、聲音和感受回應給他。在嬰兒逐漸長大之後，他們會遠離基地去探險，但是那些杯子被填滿的孩子總是有強烈的安全感。他們有安全的依附關係。

而那些沒有安全依附關係的孩子，會較為焦慮和黏人，或是退縮、封閉。他們可能沒有安全感，即使對自己最親近的人亦然。他們無法自信地冒險；他們或許會表現得很具冒險性，但是沒有安全依附關係的孩子較有可能只是魯莽地冒險，而不是具有冒險精神。他們的杯子空了，裡面幾乎沒有東西。在孩子來回地填滿杯子時，有安全依附感的孩子可以安慰自己、處理自身的感受、可以專注、與同儕有很好的連結，而且對自己和世界有正向的感受。當孩子和陌生人或是托育人員在一起時，有安全依附的孩子可以儲蓄他們所有不快樂的感受，直到和主要依附對象重新團圓才表達出來。

杯子填滿的嬰兒會流露出豐富的情感、安全感和注意力，他們真的很幸運。微小的不愉快會灑掉一些，不順利的一天可能會把杯子幾乎清空，但照顧者會把杯子再加滿。當孩子長大一些，單是想到自己的照顧者就足以把杯子填滿。事實上，安全依附的孩子可以從友誼、樂趣或是從在學校學習新的事物中填滿他們的杯子。

可能沒有人的童年有過完美的依附經驗。我們都有過片段或長時間的挫折或是匱乏。我們的杯子有時空了太久，久到連自己都懷疑杯子何時才能再被填滿。觀察孩子如何處理他們的杯子蠻有幫助的，特別是杯子快要倒空的時候。當孩子一直不斷地碰壁，是因為他們到處衝撞、急切地想加滿自己的杯子，結果卻反而把杯子裡剩下的灑出來。有些孩子則是要求杯子要保持全滿的狀態，不斷地到大人身邊要求一些再細微不過的東西。有時孩子所要求的續杯是大人做不到的。有些孩子為了擔心自己一滴不剩，就乾脆把杯蓋蓋上，可是如此一來別人也很難在杯子裡加進東西。有的變得不再相信續杯的可能，因此拒絕擁抱、睡覺或是坐下來吃晚餐。還有一些孩子的杯子無法好好地被加滿，但是幾近空虛的杯子讓他們坐立不安，而坐立不安的狀態又使得加滿的動作愈加困難。

從別人的杯子偷走東西的行為通常會激怒大人，不管是強迫或是智取。孩子可能會以打人、要脅、誘騙的方式偷取或是佔有別人的物品，像比較強勢的孩子會逼迫弱勢的孩子做出不公平的口袋怪物卡片交易，這種交易我把它視為累積杯子資源的一種。孩子表現出無禮的行為而受罰，是當孩子眼見無條件的續杯已經無望時，所要求的一點點補充。我想這就解釋了為什麼孩子寧可要大人負面的注意力，也不要大人完全的忽略，畢竟劣質的補充物好過全空的杯子。不幸的是，常見的回應是忽略這些孩子，使得他們更絕望地要求續杯。

還有一些孩子的杯子似乎是會滲漏的，這種杯子令人心煩，特別是對同時要照顧二、三十個孩子的老師而言。你越是擁抱他們，他們越是黏你；你給得越多，他們越需要你。他們的杯子似乎永遠都填不滿，因為滲漏的杯子無法儲存他們之後會用到的東西。滲漏杯子的比喻，也適用於那些在你要擁抱他們但他們卻以拳頭相向的情況，這些孩子就好比把救生員一腳踢開的溺水者；杯子已經空了太久，以至於他們搞不清楚誰是要來幫忙的。在此同時，那些有著安全依附的孩子知道要怎麼把杯子填滿，有時他們簡單地問：「我可以吃蘋果嗎？」或是「你可以抱抱我嗎？」這些孩子還會自在地分享他們杯子裡的東西，而不是競爭每一滴水。他們會照顧年紀小的孩子，也會幫助朋友。

對嬰兒和其照顧者而言，杯子裡最早的填充物是在親密關係中製造出來的，不管是深情對望、搖搖哄睡、或者抱在膝上彈跳。安全依附的孩子具有探索的精神，在遊戲的過程中，孩子會因為擦破的膝蓋或是跟同儕的口角回到父母或老師的身邊，如果杯子加滿了，他們會再度帶著飽滿的精神和熱情回到遊戲中。若是照顧者因為自己的蓄水池空了、或是吝於給水，孩子就沒有足夠的安全感繼續遊戲。亦或，他們把這些不安、害怕的感覺埋入內心深處，就在遊戲場中變成攻擊性強、魯莽的角色了。

生活中的挫折和不愉快、生病、創傷或是失去都會將杯子掏空。孩子挨打挨罵、被忽略或是被嚴厲地處罰，會使杯子內的東西更快耗盡。孩子仰賴我們來加滿他們的杯子，但有時杯子反而被照顧者打翻，讓孩子有被背叛或傷害的感受。更糟的是，受到虐待或是忽略的孩子，杯子就這樣被打破，再也無法加滿東西，得靠治療或是父母關愛的努力才能補好缺口。杯子破裂的孩子因為無法再承載任何東西，所以他們看起來全然地空虛冷漠，好像身體裡沒有靈魂，他們可能憂鬱、可能危險。

即便是受到完全關愛、沒有創傷、杯子完整無缺的孩子，也經常需要把杯子加滿，因此，我們最需要做的，是盡力讓孩子感覺被愛、受到尊重、被需要以及受歡迎。填滿和加滿孩子的杯子是親子連結的根本。依附不僅是連結而已，它的意義遠超過僅是活著或是與其他人有互動而已。電視或是電腦雖然有用，但它們不會與孩子互動。安全依附及加滿杯子都需要人來執行。多年的研究顯示安全依附是一種回應，是照顧者敏感回應孩子的需求。

朝向連結的遊戲

靈長類動物的研究證實我們的近親也會因為一些類似的目的而遊戲：呵癢、追逐、開玩笑、虛張聲勢。就像人類一樣，牠們在連結斷裂時會以遊戲修補，一些心理學家相信很多情感上的表達都是從「我可以傷害你，但我不會。」這樣的訊息演化而來的。像親吻表示「我可以咬你，但我不會。」而愛撫表示「我可以打你，但是我不會。」揮手或是握手表示「你看，我手上沒有武器。」換句話說，具有攻擊性的假裝遊戲是一種重新連結或表達情感的方式。

對年齡很小的孩子來說，模仿他們動作的鏡子遊戲是一種完美的連結遊戲。我最喜歡用這種方式換來嬰兒的微笑。我女兒同學的弟弟坐在推車裡時會抖動他的腳。有一次我看到他，便開始抖著我的腳，他笑得好大聲。他越抖越厲害，我也跟隨他。他笑得更大聲了。只是我們模仿孩子的時候必須小心、別讓孩子覺得我們在嘲笑他們。孩子長大之後，他們仍然會玩類似的鏡子遊戲，像是「老師說」或「跟隨領袖」。

嬰兒從親密的連結遊戲中學到抽象的因果關係。他發出咯咯的聲音，爸媽重複他的聲音，嬰兒也笑了。在嬰兒能夠用手抓住東西之前，他已經緊緊抓住了父母的心。對嬰兒來說，最典型的連結遊戲就是躲貓貓。躲貓貓不僅建立連結，還以戲劇化的方式玩出親密的概念──現在你看到我、現在你看不到我、我回來了。躲貓貓反映了連結和失去連結、存在與缺席之間的微妙平衡。嬰兒不但享受這個遊戲的樂趣，他們每一次也會感受到不同程度的驚奇。最終，驚奇會轉為喜悅的默契，就好像孩子明知道爸媽就是聖誕老人，可是仍然願意保有對聖誕老人的想像一般。

在躲貓貓裡，孩子象徵性地失去連結，然後很快地再獲得它。如果你實驗把毯子從臉上拿開的時間，從半秒、兩秒或是三秒，你會發現某一固定的時間會帶來最大的笑聲。時間太短就失去神祕感，太長又會帶來恐慌。抓住合適的間隔，你擁有的就是人類連結、斷裂與重新連結之真諦。

結束眼神凝視的階段

以上提及的鏡子遊戲、對嬰兒說話、唱歌、擁抱、帶他們認識世界，這些都是遊戲的原型，是所有親子歡樂時光的始祖。之後，捉迷藏變成深夜的談心，然後變成郊遊健行。僅是躺著的嬰兒就能使大人微笑。無法在這個層次上與他人連結的嬰兒通常能被及早發現，而且可能會被診斷為自閉或是發展遲緩。很遺憾的是，大一點的孩子若是無法連結，通常不會被發現。某些原因所致，在初始的連結階段結束後，大人便很少以玩躲貓貓一樣的自在輕鬆去和大孩子一起遊戲了，取而代之的是距離和尷尬。在孩子兩歲之後，親子之間那種深層的、眼神凝視之愛便很難再出現，彷彿我們並不期望這種親密的關係能持續下去一般。當我鼓勵父母親與孩子有深情的眼神接觸、融入孩子的世界，不管他們幾歲，父母親都會懷疑這樣做的可能性，但是如果堅持度過孩子起初的拒絕，他們會尋找到更有深度的親密關係，而且會發現這是最無可取代的經驗。

幸運的是，如果是輕微的斷裂，孩子會給我們許多的機會重新建立連結。問題在於，我們誤解了他們的努力。想到這裡，我自己也覺得不好意思，因為我常因為忙碌、覺得她該做功課、覺得她很煩，而推開想要父親擁抱的艾瑪。但當我想知道她在學校過得如何時，卻得費心去得到她的回答。如果我不以她要的方式連結，她又為何應該用我的方式和我連結呢？

有時大人與孩子可以用嘗試錯誤的方式找到連結的方法。我九歲的姪兒並不多話，特別是他有心事的時候。我總是試著以開玩笑的方式拜託他說話，但成效不彰。有一次在家族度假的時候，我們兩個恰好都早起，我伸開雙臂，他過來坐在我膝上。我們只是靜靜坐著，坐了半小時。我通常無法忍受長時間的靜默，也不喜歡一直坐著。但是當時我們真的做了很好的連結。之後大家都起床準備吃早餐時，我對他說：「和你聊天很愉快。」我們都笑了，但我是認真的。當我不再堅持以我的方式溝通時，我們也能連結得很好。

隨時隨地尋找連結：愛之槍

一旦明瞭連結的重要性時，我開始注意它，即使在最不可能發生連結的情況底下。女兒一個六歲的朋友到家裡來玩時，很快地發現我家唯一的一把槍，一把水槍，而且拿起它對著我，他臉上帶著得意的表情。幸好我知道那把槍裡沒有裝水，所以在他要看我的反應如何時，我有一點思考的時間。我記得我常對父母說的，男孩都喜歡槍，但重要的是我們要能與這些男孩有連結，在遊戲中注入一些連結，不管他們在玩的遊戲是攻擊性或孤獨的。因為男孩容易感覺孤立，而他們的遊戲使自己更加孤立。

兩秒鐘之內，我對他說：「看，你發現了愛之槍。」他遲疑地看了一眼他的槍，毀滅性的武器怎麼會和愛有關係呢？我說：「是呀，我被你的槍打到了。我一定要愛那個開槍的人。」然後我張開雙臂、臉上堆滿傻笑地走近他一步。他又朝我開了一槍，然後開心地尖叫跑開，把槍丟在地上。我追到他，反覆告訴他我有多麼愛他。我女兒過去把槍撿起來，對我開了一槍。我轉而過去追她，把她的頭抱在我的心口，即興創作了一首爛詩告訴她我有多愛她。至少有半小時的時間，他們兩個輪流開槍射我，然後跑開，大叫：「好噁心，走開，不要再愛我了。」房間裡充滿笑聲。

幾個星期後，小男孩一到我家來就去找到那把水槍。我早就忘了這個遊戲，所以我立刻就用大人煩躁的口吻說：「不要用槍指人。」他說：「可是，這是愛之槍呀。」他用的是一種耐心的口氣，是孩子知道大人還摸不著頭緒時用的口氣。我想起了那個遊戲，我們又在笑聲中玩了一次這個遊戲。

在那之後，我經常和孩子玩這個遊戲，或者當孩子的遊戲變成拳腳相向、打架或咬人還有吐口水的時候。我會說：「你剛剛踢了我一個愛，現在我要抱你了。」有時他們會說：「不是，這是一把恨之槍。」我會說：「喔，那它一定壞掉了，因為我只想要愛你。」

這種遊戲僅適用於攻擊或是侵略性的遊戲，而不適用於孩子想直接表達他們的憎恨或是憤怒的時候。在後者的情況出現時，我們必須聆聽孩子，讓他們能夠表達情緒，不可以試著逗他們開心或是誘導他們轉移注意力，特別是對女孩子，因為女孩都會被教導不可以生氣。我在遊戲中會確認我的回應沒有羞辱到孩子，也會確認我不會被打傷，但是我會把孩子拉近，而不是把他們支開。不管是遊戲、聆聽或擁抱，關鍵都在於創造親密而有意義的連結。即使大人覺得煩人或具威脅性的行為都是渴望連結的表現，愛之槍的遊戲即是如此。

我無法列出所有關於連結的遊戲：追逐、紅綠燈、跟隨領袖、捉迷藏都是明顯的例子。和孩子玩這些遊戲，你不僅會得到樂趣，更會發現親子關係得到改善。還有一個我最愛的遊戲叫做「你永遠逃不出我的手掌心」。我會說：「你逃不出我的手掌心，幾百萬年都一樣。」孩子會過來試試看，我會緊抱住他們，掙扎一陣子後讓他們逃開。這樣的遊戲再簡單不過。在他們逃開後沒多久，我會假裝自己剛發現他們逃走的事實，然後問：「你看，你逃不走的……咦，你怎麼逃走了，你怎麼辦到的？」我和兩歲到十一歲的孩子都玩過。如果他們喜歡這個遊戲，我會繼續說：「好吧，你真的很強壯。那這次我用科學怪人的辦法，你一定逃不走。」我用任何滑稽的方法，然後再讓他們逃走。我也會逐漸增加力氣，而孩子似乎樂於應付這樣的挑戰。如果孩子不喜歡被抱住，我會假裝用「精神力量」來攫住他們，問他們敢不敢逃走。

有一位母親在上過有關連結的課之後，和她的兒子有這樣一段對話：

「我們需要連結，你想要怎麼連結？」

「什麼意思？」

「你看，我們兩個好像沒有連結。你想要撒野，我想要休息；你想要我的注意力，但我想要煮晚餐；你想要看電視，但是我想跟你在一起。」

「所以我們該怎麼辦？」

「我們可以抱抱，或是遊戲，或者扭打……」

「我可以在你的床上跳嗎？」

「好呀，我們把它變成一個遊戲。」

「好！那我在床上跳，你要來抓我。」

他們一起玩得很開心，摻雜了許多擁抱和親親，而通常兒子是不讓媽媽抱的。這反映出遊戲式教養的其中一項重要原則：**最好的情況就是，大人堅持要與孩子連結，但由孩子決定如何連結**。

打開孤立的高塔

有一次我到一位男孩家做遊戲治療，就在我要離開時，男孩從背後大叫：「你這個討厭鬼。」我走回去，男孩後退一步，擔心我會罵他。我輕聲說：「噓，不要告訴別人，我叫做討厭鬼的祕密。」可以預見地，他轉身大叫：「媽，他叫做討厭鬼。」我說：「你看，你把我的祕密說出去了。」我們一起大笑，但是他很快地板起臉，嚴肅地說：「你是討厭鬼，我恨你。」

此時，我已經很確定他只是想要我多待一會兒。大部分的人不會認出「你是討厭鬼」這個訊息，其實是「我喜歡你」的小孩版本。所以，我對他說：「我今天和你玩得很快樂，我真的很喜歡你，我知道很難說再見，對不對？」他想了一下，然後以非常輕鬆的聲調說：「我們可以再玩一次襪子遊戲嗎？」所以我們再玩了一次，然後他非常驕傲地送我上車，用力地跟我揮手再見，並對他的媽媽說：「他下星期還會再來。」打開孤立高塔的方法，就是將他的侮辱翻譯成想要連結的請求。

接下來的這個故事，在我和孩子之間存在著一扇鎖著的門，但是最後依然重新建立起連結了。我剛開始到傑利家為他進行遊戲治療時，他會跑進房間裡，把門鎖上。很多人以為這就是沒戲可唱了，因為這樣要怎麼玩下去呢？要不是硬把門打開，就只能離開。但在遊戲式教養中，還有第三種選擇，繼續地邀請孩子跟你做連結，但是以他們的方式和節奏。我站在門外，徒勞無功地敲了幾次門之後，我從門縫塞進愛的紙條。傑利還不會讀字，所以我一邊寫一邊大聲唸出來。我會說：「我愛你，請出來跟我玩。」然後塞進紙條。他會把它撕破，然後把它遞出來。他畫了一個鬼臉，然後把它丟出來；我會大叫，表現出很害怕的樣子。然後我會再寫一張新的紙條，大聲唸出來，並說：「我好害怕，但是我不會離開你的。」這是個有趣的遊戲，但是其中包含深層的情感議題。

我跟傑利玩過幾次。這次他的父母計畫將他托在祖母家幾天、準備將家裡的東西打包搬家，但是傑利拒絕到祖母家去。傑利還有一位妹妹，由於妹妹還在喝母奶，所以她會留在父母身邊。這件事顯然激起了一些情緒：兄妹間的競爭、不公平的感受、搬家的大轉變、被拋下的感受等等。我必須澄清一下，傑利是一位快樂的、充分被愛的孩子，他很愛祖母，也很喜歡到她家。他的感受雖然強烈卻十分正常。

傑利在房間裡堅持他不會去祖母家而且沒有人可以強迫他，他說他討厭我，因為我是大笨蛋。傳紙條的遊戲玩了半小時後，傑利在門後說：「好吧，我要出來了，但是你不能抱我。」可是因為我從頭到尾都沒有說過要抱他，所以我把它當做是一個信號，對他說：「拜託嘛，讓我抱一下下。」他咯咯地笑，然後坐在我膝上讓我抱了十五分鐘。我告訴他我得離開了，等他從祖母家回來後再見。他大吼：「我才不要去祖母家！」我回答：「喔，天呀，這表示我們還要再玩一次傳紙條遊戲嗎？」我們都笑了。我到家裡時，傑利的媽媽留話在我的答錄機裡，告訴我傑利已經開始列清單和打包，準備他要帶到祖母家的東西了。

連結需要堅持。我和某個姪女每次見面時都有一個儀式。我跟她說嗨，她忽略我。我會用放鬆和開心的聲調繼續打招呼，直到她回答為止，然後我們一同嘲笑這個冗長的過程。我用的是好玩的聲音，但以一種溫柔的堅持，而不是斥責的聲音。我愛姪女的直率，但也會堅持我們之間的連結。通常說到第四十七個嗨時，她的兄妹們已經圍過來看熱鬧，每個人都咯咯地笑著。有些孩子的連結可能不容易達成，有時甚至你跟他做的唯一一件事，就是在嘗試連結。

任何遊戲都可能是連結的開始。當孩子假裝開槍射你，說：「你死了。」試著倒下來裝死，但是戲劇性地倒在他身上，只要孩子在笑、享受這個遊戲就可以。抓住他的腳，哀求他帶你去看醫生。如果你的女兒罵你笨，你就裝著笨到極點，連她和枕頭都分不清楚。

青春前期的孩子可能會裝酷，裝做你不存在，你可以問他能不能把他正在嚼的口香糖給你，這樣你就可以盡量地拉近與他們之間的距離。這樣保證你在他心目中的地位立刻提昇。

不過除非你堅持誠懇到底，否則不用真的把口香糖放在嘴裡。或者，打枕頭仗、比角力。即使是最嚴重的斷裂也會留下連結的窗口。

如果連結這麼棒，為什麼它會如此困難？因為當人感受到斷裂時，他們必須使勁地穿越成堆的壞感受，恐懼、遺棄或是失去等，才能重新連結。重新連結帶來痛苦的情緒，所以孩子傾向避免它，寧可孤獨、把自己關到孤立高塔的更深處，也不要直接面對這些脆弱的感受。成人通常也會為了同樣的理由閃躲連結。

上一章中我談到調到孩子頻道的重要性，以連結的重要性來說，調到孩子頻道可以加滿孩子的杯子，不調整則會倒空杯子。孩子需要感覺到連結和自信，才能做正向的改變。所以，即使百般地不願意，還是要坐在地上、玩他們想玩的遊戲、聽他們喜歡的音樂。

隨意連結到深層連結：誰抱著你？

除了遊戲之外，親密的親子關係還包括許多非遊戲的互動，像是當孩子哭泣時的安慰擁抱。「誰抱著你？」的故事來自一連串我太太、女兒和我自己的互動。艾瑪兩歲的時候，安妮正好在醫院實習，每四天就得在醫院值夜一次，有數年都必須如此。三十六小時沒睡的她精疲力盡地回到家，而單獨照顧艾瑪的我也打不起精神來，艾瑪則表現得若無其事。她會跟安妮打招呼，然後繼續做她原本正在做的事。

剛開始似乎沒什麼不對勁，但事實並非如此。當安妮比較不累時，她會陪艾瑪玩，但這個時候艾瑪就會努力地避開她。安妮抱她時，艾瑪會注視別的地方，而不是媽媽的眼睛。而當媽媽想跟她做眼神的接觸時，她會縮起身子到處躲避，看起來既好笑又悲哀。在媽媽回來的那天，她只願意讓我陪她睡覺、洗澡、唸故事書。大部分的時間，因為安妮實在太累，所以也只能隨她。逐漸地我們瞭解她們母女需要一些專注的時間來做連結，因為我的狀況相較之下比較不累而且連結完好，在這過程中可以扮演協助的角色。

對於沒有受過嚴重創傷的孩子而言，隨意連結可以讓他們生活順利，缺少深層連結的影響可能不會立即可見。就像艾瑪可以打招呼、繼續玩遊戲，但實際上與媽媽的連結是斷裂的。只有在媽媽堅持要與她連結時，我們才看到真實的狀況。

我們的第一步是全家抱在一起，我鼓勵艾瑪看著安妮，去注意到她已經回來了。通常艾瑪會哭一下，然後看起來比較開心、也比較放鬆。一開始我們以為這樣就是完成了連結，後來才逐漸瞭解連結並沒有全然地恢復。艾瑪急切地想回到她原來的遊戲中，而且她**還是**無法看著安妮。她釋放了一些她想念母親的感傷，但是不足以建立深層連結。

有一次安妮抱著艾瑪，艾瑪要我幫她洗澡、送她上床。艾瑪如此公然地忽略她的媽媽，我便問她：「誰抱著你？」她回答：「爸爸。」安妮和我同時說：「什麼？」艾瑪坐在安妮膝上，注視著我，帶著微笑回答：「爸爸抱著我。」我和安妮對看了一下，一半困惑和一半憤怒，艾瑪則不斷地笑著。最後她說，「媽媽抱著我。」然後把她的頭放在媽媽的肩上，嘆了一口氣。之後的幾個月，這個問題——「誰抱著你？」將我們之間連結起來。我們可以從艾瑪的答案評估連結的程度。有時，單是問出這個問題，就能讓艾瑪緊抱著媽媽哭泣，說她有多想念她。有時她會回答「爸爸」或是「沒人」，然後轉頭看安妮是否會放棄，或是會堅持要做連結。當她說：「咕咕大頭抱著我」時，我們知道有人要好好地笑上一陣了。不管結果怎樣，如果我們堅持下去（雖然堅持很難，特別當大人都很疲累時），艾瑪最後可以說：「媽媽抱著我。」然後望著她媽媽的眼睛。連結重新建立。

我想這個互動呈現出傳統角色上的互換，因為安妮是母親，母親不會讓他們與孩子的連結輕易溜走。而因為我是父親，我並不想要有這個一直陪她的「榮幸」。我在想有多少父親拖著疲憊的身軀回到家，而兒女將他推開、拒絕連結時，會想：「去你的，算了。」我們很容易忽略一個事實，就是當孩子看起來像是不要我們理會他時，實際上是渴望要連結的。孩子心裡想，爸爸比較在乎工作，不在乎我。而且，想念他很痛苦，所以我要裝酷，讓他來找我。爸爸想：我只是賺錢的機器。算了。如果他想跟我玩，他會來找我的。

遊戲在日常的互動中創造了表達愛和教養的機會，溫柔地修補那些稍早發生的衝突和不愉快。一位母親開始在睡前進行一個例行活動，她和女兒會輕柔地把所有的絨毛動物放到床上去睡覺。在那些母女倆互相抱怨和煩擾的日子裡，這個儀式顯得格外濃烈和甜蜜，因為它舒緩了一些緊張關係。藉由對動物們說話的機會，媽媽把想對女兒說但說不出口的話表達出來：「我們今天過得不太愉快，希望你有個好夢。」孩子會說：「你今天很頑皮，你得到床下面去睡。」讓她的母親有機會說：「喔，我覺得她已經知道錯了，她可以和其他動物一起睡，你覺得呢？」人們可以運用遊戲來修補自己重視的關係，可能性不勝枚舉。

第4章 培養孩子的自信

「我永遠不會放棄！」

——艾瑪，四歲

有一天我和四歲的女兒玩角力。之前我們也玩過，她要經過我到沙發那邊去，而我要盡力阻止她。我試著讓她越過我身上，這樣她可以跟我保持接觸並使用她身體的力量，而非使詐。我們在角力時，我會增加越來越多的阻力和困難度。她必須越來越用力。

我試著讓她運用自己的力氣，建立她對身體力量的自信，我也同時鼓勵著她。在與孩子角力的時候，我們要同時扮演對抗及支持的角色，但是不能讓自己落入競爭之中，忘了自己是為了他們而戰的。我發現艾瑪逐漸挫折，開始要放棄的時候，便開始給她更多的鼓勵，但這次作用不大。我試著讓她站在有權力的那方，用激將法讓她能使出最大力氣，我說：「你乾脆放棄好了，你永遠到不了沙發那裡的。」

她衝出客廳不見蹤影。我想我做得太過火搞砸了，我並不是真的在嘲笑她。當這些念頭閃過我腦海時，艾瑪回來了。她的拳頭在空中得意地揮舞，臉上掛滿微笑。「我永遠不會放棄！」她大叫，然後用兩倍的力氣把我打倒。

她滿載的自信將我擊退，我問她剛才怎麼了。她說：「我進到力量之屋去拿更多的力氣。」她解釋她假裝擦了一些特別的乳液，讓自己更有力氣。就好像小飛象發現自己不用神奇羽毛也可以飛，她已經發現如何自己維持自信和力量。

之後的幾個月，我會假裝忘記了她的名言，然後和她一起好好地笑上一陣子。我會說：「我**有時**會放棄？……我會**有一點**放棄？……我會在太困難的時候放棄？……你是怎麼說的？」她會把拳頭高舉、散發著自信地喊出：「我**永遠**不會放棄。」即使在多年之後，她仍然會在面臨特別的挑戰時，進到力量之屋，特別是體力上的挑戰。而當遊戲對我太困難時——當我感覺到無聊或是挫折，我也會進力量之屋，下定決心永不放棄。然後，用心地遊戲。

權力和無力感

力量之屋也是一個運用遊戲的例子，運用角力來提昇自信。悲哀的是，我們很少看到孩子有這樣的特質。我比較常看到恐懼、膽小或是受驚的孩子。他們不敢把心裡的話說出來，甚至不敢有自己的想法。我也會看到很多魯莽、虛張聲勢、暴力、惡劣、自為是老大的孩子，但以上這些都不是真正的自信。什麼是真正的力量？為什麼它如此罕見？

答案要從社會開始談起，因為我們的社會對權力和力量的看法是很矛盾的。我們追求崇拜它，但同時也不信任它。特別是兒童的權力。我們對「好」的力量加以喝采，像孩子為朋友挺身而出，但是我們並不真心希望他們抗議我們的處理不公。我們希望他們堅定、自信而穩重，而不是濫用權力、愛指揮別人或是蠻幹。我們欽佩身體的力量和優雅，但同時懲罰侵略和脅迫的行為。更令人困惑的是，母親通常會被認為給予孩子過多權力、太多寵愛而管教不夠。同時，**培力**（empowerment）在心理學上又是一個時髦的名詞，認為孩子應該被賦予力量。

力量這個字可以用在不同的事物上。為了避免混淆，我通常用**自信**這個字指稱正向的力量，為對的事挺身而出、在安全的範圍內富有冒險性、瞭解自己內在的力量、達成目標的力量、快樂遊戲的力量。它的相反是無力感，看起來是消極、壓抑、膽怯、恐懼、抱怨。另外一種無力感，我把它叫做假冒的力量，它是一種空洞偽造的力量。這個類別包括尖銳、打人、恐嚇、跋扈、偷竊、威迫，以及不顧安全的魯莽。遊戲式教養幫助孩子從無力感和假冒力量的圈套中脫困，支持真實力量、自信及能力的平衡發展。

幸運的是，孩子的發展對我們有利，大部分的兒童進入世界及適應的過程中經驗到一波健康的權力，第一波的自信來自於嬰兒的需求獲得滿足的力量，嬰兒呈現脆弱、愛和可愛，照顧者則以食物、住所、愛和溫暖來回應。最初嬰兒所經驗的是自己的所向無敵：**我哭，奶就出現了；我笑，對方也笑**。

但稍後挫折和失望無可避免地開始。**我哭，沒有人過來。我想要某樣東西，它沒有出現。媽媽想要的和我想要的不同**。一些這類的挫折對孩子來說是必要的發展過程，但是過多會變成無力感。嬰兒也面臨不少自己無法掌控的事情：需求在何時以何種方式被滿足，照顧者高興或是沮喪、他們要去哪裡、會看到什麼。當然，他們仍有一些力量，他們可以哭泣、入睡或是閉上眼睛，以微笑來回應正面的養育行為——但他們無法掌握所有的回應。

嬰兒幾乎是從互動中學習。親子之間身體的親近，附帶著許多眼神接觸和富有變化的聲音語調，教給孩子人類物種的特質。這些每日的遊戲互動讓孩子得以處理感官所接收到周遭川流不息的資訊。大人搖晃著他們或讓他們坐在推車上，讓孩子學習到地心引力和運動。搖著手搖鈴，然後停止。這些大人習以為常的事物卻能教給嬰兒宇宙的基本原理。

第二波自信的力量是學步兒說「不」的力量，讓他們發現自己是一個獨立的個體。如果這樣的力量受到尊重，並穩定地受到包容（意即大人給的限制堅定而溫和），那麼在成長中的孩子可以維護他的自我認同，而不需要傷害任何人，包括他自己。學步兒也會繼續以驚人的步調學習，讓自己成為世界的一部分。只要仔細觀看學步兒如何專注於遊戲板、攀爬遊樂器材或是遊戲團體中，你就會看到他們每分每秒都在為發展自信和能力而努力著。

當父母親懼怕這種日漸成長的獨立性和自信、並為之所困擾時，他們可能會過度打壓以鎮服孩子的心靈。有關受虐兒的研究中有個一致性的發現，那就是當孩子年齡到達十八個月至兩歲時，身體受虐的案例即大幅上升，因為這正是孩子開始有自己意志的時期。這些施虐的成人並不是把學步兒的任性視為一種邁向獨立的健康驅力，反而將它視為一種挑釁、無禮和故意的作對。他們的回應就會是過度的處罰或突發的暴力。但如果父母不給孩子任何限制，學步兒就會騎到大人的頭上，孩子會感覺失控，這又是另一種無力感的反應。中間的做法是承認、甚至欣賞湧現的這種獨立性，同時以清楚的界限提供孩子結構性和安全性。

第三波自信乃是孩子在世界上取得立足點的力量，包括在其他孩子的世界當中。進入托兒所然後到青春期的階段，孩子學會玩遊戲、吊單槓、交朋友、讀書和寫字。他們的世界與新事物、新朋友、對力量和無力的不同體驗互相激發著。對有些孩子來說，輸贏是充滿情緒的。一旦進入學校，所有的孩子都會經歷挫折，不管是因為學習算術還是融入同儕團體。接近青春期的階段，孩子被捲入青少年文化，在其中混合的是獲得力量和失去力量。他們選擇的音樂、服裝嚇著了父母，但是他們真的在運用自己的力量嗎？或只是像奴隸般地被流行和娛樂界所支配呢？

在孩子努力要獲得自信和自我肯定的時候，他們也會感受到一些挫折，在這個時候無力感靜悄悄地潛入。他們不能像兄姊或是同儕一樣把事情做好，他們因而感受到挫折。他們受到批評、處罰、評分，因而覺得被評斷。如潮水般湧入的訊息，告訴他們行為舉止應該如何、外表看起來應該怎樣、應該要買些什麼，他們因此而覺得自己總是做不對。這些感受相乘之下，導致孩子進入無力感的堡壘之中，要不就是躲進隱藏的地牢裡（消極性），要不就是爬到城垛之上戰鬥（假冒的力量）。

遊戲式教養對於自信及無力感的對待方式，可以幫助每一個發展階段的孩子及父母。童年經歷的挫折、無力和無助感雖然無可避免，但是透過遊戲及遊戲的精神，可以培養出孩子健康的力量、自信和能力。

權力的實驗：玩屁屁臉的遊戲

我多麼希望每次我被叫屁屁臉的時候可以得到五塊錢，因為我被叫過這個和許多不同的綽號，但是這個綽號充分捕捉了小小孩最愛的兩件事的交集：廁所的幽默和罵人。這兩件事都與力量有關：能控制自己身體功能的力量，以及能傷害別人感受的力量。我發明了兩個簡單的遊戲來處理這兩個議題。當孩子叫我屁屁臉時，我說：「噓，不要告訴別人我的祕密名字。」就像時鐘一樣準確地，他們會立刻大聲告訴旁人：「柯恩的祕密名字是屁屁臉。」我說：「哈哈！我是開玩笑的。我真正的祕密名字是米飯糰。」或是「不要，求求~你不要告訴別人！」

另外一個遊戲也一樣地簡單。孩子說了一些父母不想要他說的字，通常是身體部位、廁所相關、或是猥褻字眼。我會說：「好吧，你隨便說什麼都可以，但是如果你敢叫我跳跳球噓噓的話，你就是自找麻煩。」「跳跳球噓噓！」我說：「哦不，你麻煩大了！」我用的是輕快的聲調，而不是嚇人的苛責，然後追著孩子滿屋子跑。偶爾那些羞怯的孩子會需要我輕聲暗示說，他們真的可以說出「跳跳球噓噓」，而我也真的只是**假裝**找他們麻煩而已。很簡單，不是嗎？但它很有效。他們喜愛這個遊戲，咯咯地笑著，而且他們也停止了強迫性說這些髒話的困擾行為。

這些遊戲不只是簡單的反向心理學。它也不單是操控孩子的反叛行為，將之變成服從行為而已。屁屁臉的遊戲讓孩子實驗「力量」，話語的力量和違規的力量。與其讓他們在別的孩子身上實驗、傷害別人的感受，還不如讓他們在你身上嘗試罵人和廁所幽默。這樣亦可以幫助我們走出權力的拉扯，進入遊戲。

談到權力的拉扯，一位在我父親團體的成員告訴我他發明的一個遊戲。當他女兒還小的時候很不願意剪指甲。我朋友發現強迫她一點用處也沒有，因為她會躲避或因而受傷。這個新遊戲「停，可以了」是這樣玩的：爸爸會握著指甲刀從幾公尺之外開始，只要她喊「停」，他就會立刻停下來，當她說「可以了」他才會再往前走。如果過一會兒她沒有說「可以」，他可以自己說，但是她說「停」的時候他仍必須停。她不能一直不停地說「停—停—停」（這個規則是在她測試這個遊戲的規則後才加上的）。當她說「停」的時候，他會像結凍一樣停住，而女兒總會咯咯地笑上幾聲（這已經是很大的進展，因為剪指甲和笑聲從來沒有連在一起過）。她說「可以了」他就繼續緩步地走近她。

最後指甲剪好了，更重要的是，他們玩得很開心。女兒說停就停可以建立信任感，她能夠相信爸爸不會強迫或傷害她。她擁有的掌控權鬆懈了她的緊張。爸爸決定剪指甲的時機，而女兒決定剪指甲的速度。父母親聽到我轉述這個故事時經常會感嘆：「我怎麼可能有時間在每次剪指甲、換尿布或是幫他們洗澡時玩這個遊戲呢？」他們忘了在孩子不願做這些事時，他們花了多少時間來嘮叨、爭吵或是哀求孩子配合。我相信這是值得投資的時間，即使你最終的目標是要讓自己能花更少的時間在這些俗務上。而實際上，當這些變成有趣的遊戲時，它們也不再是家事了。

讓孩子準備好面對這個世界

兒童娛樂界的人士哈雷（Bill Harley）談到他的三年級老師：

諾丁漢老師學的是舊式教育。她非常嚴格……她教我們算術、拼寫、閱讀，但是她真正教我們的是，這是個很**冷漠**、**殘酷**的世界。

許多的父母同意這種冷酷世界的哲學，深信他們必須讓孩子習慣世界的殘酷，這樣他們才能做好準備。但如果生命真是如此艱難，我們何需給他們**更多**的打罵、羞辱和損失，因為反正他們終究會有所體驗的。孩子真正需要的是安全感和自信，這兩者來自於愛和照顧。這個意思並非要保護孩子不要受到任何擦撞傷，但也不表示以折磨來磨練才是好的。男孩和男人不斷地得到這個世界冷漠而殘酷的訊息，但我們從男性之間的暴力流行程度就能看出，以折磨來訓練孩子為世界上的危險做準備並不是什麼好方法。越是把這類訊息收到心坎裡的人，似乎越有暴力的傾向。我仍然記得我第一次看到越戰時代軍帽上的標語，上面寫著「殺光他們，由上帝去分好壞」，這是為軍人面對的殘酷世界所做的準備，在那個世界裡你不能相信任何人，你孤單一人，而且每個叢林背後都埋伏著危險。

有些人走到另一個極端，想要完全保護他們的小天使，這當然也無法為孩子做好準備，因為它製造了恐懼和膽怯。我們所能為孩子做的最好預備，是同時給孩子**滋養**和**挑戰**。我用磚塊和砂漿打個比方，要建築堅固的牆壁，兩者缺一不可。從被愛、滋養、需求獲得滿足、知道不管怎樣他們都被深愛著，孩子獲致內心的力量，這是砂漿。他們獲得另一種不同的自信——磚塊，從受到挑戰和全力以赴中。如果他們在受到挑戰和全力以赴的過程中受到溫柔和尊重的對待，他們才是真正在為面對這個世界做好準備。例如，我可能會不斷地鼓勵孩子嘗試新的事物，像是溜直排輪，但只要他們有需要，我會握著他們的手。

有人問一群四歲的孩子，他們想跟同伴還是父母玩。大部分的孩子選了父母。你很驚訝吧?他們說，和父母一起玩，他們可以贏，他們可以主導。同伴則不一定願意退讓來讓遊戲的立基點平等一些。藉由指揮父母、在籃球場上打敗他們，孩子滿足了一些依附上的需求，然後他們可以在出去之後，與同伴在相似的立基點上較量。

讓孩子準備好面對冷酷世界的想法，是促成遊戲中輸贏的決定要素，它反映在運動競賽中的效果最強，但也會出現在棋盤類遊戲中。相較於母親，父親通常會採用冷酷世界的態度，特別是對兒子。很多父親跟我堅持，他們**從來**不讓他們的兒子贏，因為男孩需要準備好與同儕競爭，而同儕不會故意輸掉比賽。但是一個成年男子和一個孩子比賽一點也不公平。所以你到底為他們預備了什麼？哦，那個冷酷無情的世界，對吧！

我不斷地被問到一個問題：「什麼時候我才能不要讓孩子在玩棋時贏過我呢？」這是我最愛的問題之一，但它也很難回答。你想藉一場簡單的棋局完成許多事。你想要他享受遊戲；你想要增進他的棋藝、你想要他有一點競爭的鬥志但不要太多；你想要他在贏的時候有氣度，輸的時候也有氣度；你想要他知道他的同伴不會像你這樣讓他。

通常，從讓他們贏開始，然後逐漸提高困難度。你會進進退退一陣子，即使當孩子能夠公平地擊敗你，有時他們可能仍會希望你用「特別的規則」來玩。有時他們會希望贏，有時會希望有挑戰性。所以我想最好還是跟隨他們的帶領。你可能已經過渡到公平遊戲的階段，或者可能你已經加入一點的困難度，然後遊戲開始之後，孩子傳達出來的訊息又讓你覺得他想贏。或者也許剛好相反。你試著要讓孩子贏，然後他開始傳遞出期待挑戰的訊息。孩子可能不會開門見山地說，因此對這一類隱藏的訊息要有一些心理準備，他可能說「好無聊喔！」或「你剛才讓我了嗎？」你可以回答：「嗯，我沒有盡全力玩，你想要我盡全力嗎？」也可能他們對勝利得意不已，即便是你讓了他。你可以說：「我需要盡全力讓你不能總是贏嗎？」然後看看會如何。如果進行得不錯，經過一段時間他們會平衡兩種感受——享受勝利，即使不是完全公平；以及享受挑戰，即使他們輸了。

你也可能需要花時間直接處理孩子對競爭的感受。孩子如果每次輸了之後都非常生氣，或是贏的時候態度十分可憎，那麼他們在傳遞的訊息是，他們需要大人特別注意來協助他們處理勝利、失敗和競爭的感受。在那種情況下，我們需要從玩遊戲轉換成玩這些主題。例如，安排一場遊戲讓孩子一直贏，但是你扮演一個滑稽的痛苦失敗者。或者誇大自己有多麼棒，然後每一個動作都出錯——任何能讓他們大笑來解除遊戲結果宣示的生或死。為遊戲訂一個好笑的規則，像是：「不可以用這個枕頭打我。」然後當他們出其不意用枕頭打你時以滑稽的方式回應：「你剛才違規了，嗚！」

五歲的凱文剛開始學踢足球時非常興奮。我到他家去做遊戲治療，他穿著他的護脛，手裡拿著球，等著和我玩足球。我們到外頭去，他標示出球門的位置。在我們開始之前，他說：「慢慢來，我只是一個幼兒園的孩子。」我說：「好的。」我從這裡得到暗示——他還不希望挑戰過大，至少剛開始時是如此。他想得到自信，所以我不能玩得太過火。我讓他得分，自己沒有。

當我開始嘗試提昇我的防守時，他有點緊張。他說：「停！」然後我就停住不動，他就從我身邊把球踢進得分。我用一種假裝生氣的聲音說：「我要怎麼在停住的情況下防守呢？」他說：「這是規則，你一直停著，到我說可以了為止。」然後他把球反向踢到球門位置，說：「我如果反著把球踢進，我可以多得一分。」我問：「我也是嗎？」「沒有，只有我。

」我假裝發脾氣：「嗚嗚，這一點都不公平。」他咯咯地笑著。最後他讓我偶爾可以控球，但我剛開始會確定自己笨拙不堪。我會把球運到他的球門附近，假裝自誇快要得分了，但是花很多時間卻沒辦法把球踢到一個可以射門的位置。凱文可以趁這個機會過來把球搶走，我會假裝驚訝而氣憤，他會瘋狂地咯咯笑著。最後有一次他進到我的防禦區，並沒有叫我停住，所以他得真的穿越我的防守才能得分。

我覺得他獲得了更多信心，因為他不再顯得緊張，反而開始嘲弄我。當球在我這裡時他會說：「來呀，小女生。」而當他進球時也會大笑：「哈哈哈哈哈！」孩子彼此之間就會這樣，為的是要散佈他們覺得丟臉或無能的感受，結果每個人最後都感染到這些不好的感受，然後又把這些感受擴散給別人。悲哀的是，有些教練和父母火上加油，對孩子吼叫或是羞辱他們。我的假定是，凱文的足球並不強，所以他可能曾經這樣被對待過，或者害怕受到這樣的對待。當孩子把這樣殘酷的嘲笑散佈給我時，我最喜歡用的回應是假哭，「嗚嗚嗚！」凱文會一直笑。我們玩了一會兒，凱文宣佈比數是17比3。

我裝笨地說：「等一等，誰是17？」

「是我！」

「然後誰是3？」

「你！」

「哦，這就是我擔心的。」

凱文在遊戲中喊暫停，大叫「抱抱！」然後向我跑過來。我們遊戲治療了十次之久，這是他第一次擁抱我，因此我認為一定是這樣的玩耍使他覺得安全而自信。在這之前，他表現感情的方法總是模稜兩可，像是踩住我的鞋子（這樣我就不能離開），或是把我的手錶拿走（這樣我就不知道什麼時間該離開）。

我想這個故事的重點在於實際上有兩個遊戲同時在進行：一是足球遊戲，一是建立自信的遊戲。權力的遊戲包括一些對他很重要的主題：有能力的和沒有能力的，自尊和丟臉。在這個二合一的遊戲中，他有機會去感覺自己的力量和權力，把不勝任的感受咯咯地笑掉，讓他有機會針對那些自己並非最佳球員的感受來遊戲。換成另一個孩子可能會想要我盡力去玩，或者想認真練習技巧以精熟足球運動。這些也都是恰當的；只是你需要從孩子那裡獲得提示。

九歲的羅伯則和凱文非常不同。他是個優秀的運動員，有強烈的競爭性，在失敗的時候則非常沮喪。他想擔任守門員，但只有上半場，因為他知道如果必須為球隊的敗戰負責，他可能會崩潰。如果以加滿杯子的觀點來看，羅伯的處境困難。他熱愛運動，但是他的杯子是用勝利來填滿，而失敗則會倒空杯子。光是遊戲和運動本身並沒有辦法填滿杯子，他也沒有蓋子可以預防失敗時杯子被倒空。他需要一些遊戲式教養來加滿杯子——對自己的好感和自信，確認自己是團隊的一分子，世界的一部分，值得尊敬和被愛，能夠盡全力比賽但不用為了失敗而苦惱。

我建議他的父親有時可以跟他玩「勝利和失敗的遊戲」。這個遊戲把重點放在以嬉趣的方式處理底層的情緒。它可以是任何遊戲，只要充分運用輸與贏的概念來遊戲即可。

舉例來說，擲銅板的正反面，如果輸了就要表演一下誇張的死亡場景，喃喃唸著：「我死也不會放過你。」如果贏了，就宣佈你是宇宙史上最厲害的擲銅板者，跳一段勝利舞曲，然後下一次輸的時候假裝萬分地驚訝。或者，如果你想不出任何遊戲可以針對輸贏或是自信與否的話，你也可以說，「我們要來玩一個輸贏的遊戲。」「那要怎麼玩呢？」「我也不知道，你想怎麼玩？什麼遊戲都可以，只要不管是我輸了或你輸了都還是很好玩，或是可以假裝誰贏誰輸很重要。」他們最終會想出一些很棒的點子來。如果他們想不出來，就說：「我輸了，因為我想不出任何點子。你的獎品是一個抱抱。」然後給他們一個大擁抱，或至少要追著他們跑才行。

使批判的聲音安靜下來

不幸的是，另外一個強調勝負輸贏的極端思考，已經滲透到兒童身上，甚至兒童的遊戲之中。在這個充滿課程、運動團隊、收費的室內遊戲場所、電視和電腦的時代，自然的遊戲已經消逝無蹤。自從專家發現遊戲對學習的好處後，我們的社會就想辦法確保遊戲具有教育性、豐富性和競爭性。

妮可的父母在她兩三歲時就讓她去上游泳課，但是妮可很抗拒。她到四歲時仍不會游泳，但是喜歡坐在淺水池裡戲水。父母安排了一位她喜歡的托兒所老師進行個別教學。每一次上課妮可變得越來越不敢下水。有越多外在的學習壓力，妮可也越抗拒。在第五個夏天時，妮可的父母放棄了，他們決定讓她跟朋友坐在泳池的淺水區玩。很快地，妮可開始喜歡在水裡玩耍。然後模仿那些游泳的孩子。幾天之後，她可以游兩公尺遠。

成人擅長把學習的樂趣變不見，不管是學習游泳或是數學。更糟糕的是，我們有批評孩子的傾向。因為它發生得過於頻繁，以至於我們根本注意不到。批評是一種令人不愉快的習慣，也很難中斷。我們認為自己只是想幫忙，但是實際上幫助不大。它的作用只是會在孩子的腦袋裡裝進一個小小的聲音（有時又震耳欲聾），不斷在孩子的生命中無情地批評著他們。一回在寫作研習中，一位叫做迪普塔特（Kathryn Deputat）的老師唸了一封信中的幾段給我們聽。這封信十分優美，即使在百年之後風采依舊。三頁信件的最後，作者充滿歉意地寫道：「這是一封簡單而愚昧的手記。」迪普塔特要我們注意到批評的聲音有多麼地固執。

孩子總會這樣做——貶損自己的作品或是能力。而他們也會毫不留情地批評別人（當然會了，因為他們從我們這裡學到的）。有時如果我們夠幸運，他們只需要一點點的鼓勵，微笑和點頭，就足以使他們忽略那個批評的聲音，繼續創造或是學習的過程。但如果這個內在的批評使得孩子連嘗試都不願意，如果它成功說服孩子放棄畫圖、足球、數學、騎馬或是寫詩，那麼我們就得多幫一些忙了。我們必須堅持他們繼續嘗試，告訴他們那個批評的聲音不是真的，也不是最終的評價。以這樣堅持的反向觀點面對批評——「我知道你可以的……你是個很棒的小畫家。」內心批評的聲音會做出垂死的掙扎。當我們對孩子這樣說時，他們有時會哭泣或呼喊，或堅持自己不夠聰明或不會畫畫、他們討厭數學或是他們永遠不可能在運動方面有好的表現。

我們需要做的就是聆聽，並在他們抒發感受時繼續保持我們對孩子的信心。這個面向也是遊戲式教養的關鍵部分，即使聽起來和遊戲沒什麼關連。在長大、學習和精熟技巧的過程中會帶來許多的挫折，而挫折會透過笑聲釋放（當你幸運時），或是透過哭泣（當感受太強烈而無法以笑聲抒解時）。

不幸的是，孩子不會到我們面前來告訴我們：「我真的很想繼續我在雕塑上的興趣，但是在我的內心有一個聲音告訴我說，我一點都不行。你可以幫我嗎？」他們會用這樣的方式表達：「我就是沒有興趣了。」所以我們必須做個好偵探，嗅出這些訊息真的是因為興趣的轉變，還是因為感受到無力感而放棄。

恢復失去的自信

兒童心理學家多年來已注意到遊戲對創傷的孩子來說扮演著一個特別重要的角色。當孩子經歷過車禍、地震或是家暴，他們在遊戲中把這些創傷演出來。布魯克斯（Barbara Brooks）和席格爾（Paula Siegel）在一本幫助受驚嚇兒童的書籍中這樣寫著：「他們會讓玩具車無止盡地衝撞，讓積木重複地倒塌，或者讓娃娃去打另一個娃娃……在安德魯颶風之後，年紀小的孩子會玩倫敦鐵橋垮下來的遊戲……一而再再而三……遊戲是孩子所擁有的少數工具之一，能夠讓他們表達感受……在加州北嶺的大地震發生後，托兒所的兒童……用積木在桌上建塔，劇烈地搖晃桌子讓積木倒下。」

在每個地方的這些兒童每天都會重複類似的遊戲。大部分的兒童會自然地趨近那些能幫助他們處理生活裡大小困擾的遊戲，就像我們大人也喜歡和朋友聊天，抒發自己生活中的煩惱。當孩子似乎有困擾時，大人可以跟他們遊戲，引導他們恢復自信。

假設你和配偶最近常爭吵，而你擔心這會影響孩子。但是你的孩子並不想談這件事，而你也不知道該從何談起。下次你在跟他玩扮家家酒時，你可以讓爸爸玩偶和媽媽玩偶用一種愚蠢的方式吵架。這能給孩子一個機會接續這個主題或放棄這個主題，視他的意願而定。他可能會要另一個玩偶告訴爸媽玩偶要和好，或者他會說要離家出走，或者拋出一些關於他感受的線索。對大一點的孩子來說，一旦懷疑他在學校發生被主要同儕團體排擠的不愉快，你可以說：「我們來組一個豆娃娃俱樂部，其他娃娃都想加入。」任何孩子需要掌握的主題，遊戲都可以扮演協助的角色。

在一本有關學步兒的書籍中，李伯曼（Alicia Lieberman）提到，遊戲「提供孩子一個安全的空間，讓他依照自己的意志來實驗，暫時放下物理現實和社會現實的規則和限制。」例如，孩子（必要時在父母協助下）可以給故事一個快樂的結局，或者讓他自己變成勝利者或是英雄。這個歷程稱為「做主」，因為孩子現在「是主人而不用受制他人」。

李伯曼舉十五個月大的希里為例，希里很氣她的父母要外出，即使她很喜歡她的保姆。希里發明了一個捉迷藏的遊戲，和保姆重複地玩。希里以離開和返回的概念進行遊戲，幫助自己記得父母會回到她身邊來。李伯曼談到另一個也是很典型的情境，一個二十個月大的男孩，聽到女孩沒有陰莖時十分地困擾，他用杯子把自己的陰莖蓋住、掀開，用這樣的方式處理他對自己器官消失不見的恐懼。

有些事情是可以預見、無法避免的，幾乎每個孩子都會遇到，因此也很難稱它們為創傷。無論如何，它們還是痛苦的，也會侵蝕孩子的自信。失去朋友、祕密被揭露、受到嘲笑，僅為其中幾例。身為父母我們渴望能幫助孩子逃過這些困難的人生功課，至少在它們發生時能掌握情況。我們知道教訓孩子沒有什麼用，但我們還是不斷地這樣做，為的是擔心萬一，因為我們不確定自己還能怎麼做才好。趣味一點的做法可能更有幫助一些。舉保守祕密來說，這對大多數的孩子並不容易（甚至成人都是）。九歲的艾瑪和泰德坐在後座。兩個人從幼兒園開始就是好朋友。泰德跟艾瑪說：「你想要知道一個祕密嗎?瑞克跟我說的，他叫我不要告訴別人。」

「嗯，好吧。」

「你不可以告訴別人喔，因為瑞克會殺了我。」

我在這個時候跳進他們的討論，因為我可以預見再這樣下去會編織成不可避免的災難。但是我得抗拒想要訓誡的念頭。我用一種泰然的方式說：「很快的每個人都會知道這個祕密，因為每個人都會告訴那些會幫他們守密的人。」他們兩個笑了起來。我想他們抓到重點了，但我想換到遊戲模式。我搖下車窗，指著一個在人行道上散步的人，跟泰德和艾瑪說：「我應該告訴那個人祕密嗎？」他們大笑說要。我對著車窗外說：「嗨，我要跟你說一個祕密，只要你答應我不要告訴別人。」兩人笑彎了腰，因為我竟然對一個車窗外的陌生人這樣說。很快地我們都對著窗外大叫：「你想要知道祕密嗎?不要告訴別人。」然後一起笑著。可別誤會了我的意思。這兩個孩子，就像他們的同儕一樣，還在實驗有關洩露祕密的概念，即使他們已經答應不會說出去。他們得到一個大笑的機會，減輕了為別人守密的緊張負擔。下一章我們要談的便是跟隨笑聲的重要性，這是遊戲式教養的另一個原則。

第5章

跟隨笑聲的腳步

在我的內心沒有一件事像聽得見的笑聲一樣地不自由和沒教養……我既不憂鬱，也沒有憤世嫉俗的個性，而我也傾向於和別人一樣地喜悅；但是我確信因為我運用了我的全部理性，從沒有人聽我笑過。

——柴斯特菲（Lord Chesterfield），《給兒子的信》（一七七四）

雖然柴斯特菲如此建議他的兒子，分享笑聲卻是遊戲式教養的根本。對願意以遊戲建立親密與自信的父母來說，笑聲是一個確認你走在正確道路的指標。跟隨笑聲的腳步只是表示如果一件事讓孩子咯咯地笑，你就再做一次，一次又一次。所有的笑聲都很好，但是有一種咯咯笑的性質富有愉悅和傳染的力量，使它成為一個遊戲意味濃厚的指標。

讓孩子開心地笑並非那麼困難。你可以對嬰兒做出滑稽的表情。你可以追著兩歲小孩，假裝笨拙，並在快追到的那刻跌倒。或者，你讓六歲小孩追你，你讓自己被追到然後咆哮著：「哦，我不敢相信你追到我了。」你拿了一個枕頭開始和你的十歲小孩打枕頭仗。你穿戴上你十幾歲孩子的衣服和飾物，把你的髮型弄得跟她一樣，然後看要多久她的眼光才會從電視移開、注意到這種讓你抓狂的組合。

在一般情況下，當成人表現得誇張而過度，總可以讓孩子發笑。愚蠢和糊塗通常也能換來笑聲。滑稽的表情、聲音、跌倒就是獲得笑聲的關鍵，特別對幼小的孩子而言。如果你不好意思這麼滑稽，用一個布偶或是活動人偶替代，讓它用幽默的口吻說出可笑的事。

隨著孩子的年齡增長，挑戰就越大。扮鬼臉或是跌倒無法保證會得到笑聲——但不要害怕嘗試看看，你得到白眼的機會可能比大笑來得高，但還是值得試試。你也可能實驗一下講笑話或是過度誇張。因為大部分的大孩子非常努力地不要哭泣，即使哭了還會自我責備，因此我會假哭來引發笑聲；用很假的方法，特別是他們打我或羞辱我時。「哇哇哇，嗚嗚嗚，我要告訴我媽媽你說我禿頭。」

非預期的回應是喜劇的一種技巧，不管是在劇場或是家庭中。所以不要走進你近青春期孩子的房間裡，告訴她十遍，該收拾房間了。你走進去然後尖叫：「女孩力量！」然後帶著動作唱那首辣妹合唱團的歌。如果你並不想要她大笑，至少她會說：「好啦好啦，我會整理房間，拜託你**不要**再唱了。」

枕頭戰是引發笑聲的好方法，但如果是跟大孩子玩，它會轉變成比較認真的權力與力量遊戲。另外從四、五歲到青春期孩子經常喜歡玩襪子遊戲。每個人要想辦法脫掉別人的襪子，但要把自己腳上的襪子保護好。這個遊戲兩個人玩很有趣，三人或以上就是一場狂歡。

讓每個孩子發笑是值得去嘗試錯誤的過程——即使趣味漫畫也有遇到嚴苛讀者或失敗作品的時候。如果你還不甚成功，試試看表現得比平常更熱情、更有精力、更瘋一點。記得年齡小的孩子可能聽不懂微妙意涵的笑話或是高層次的幽默。他們可能光是聽到**屁屁**、**便便**或**放屁**就笑得東倒西歪。

有些孩子，即使年齡很小，也喜歡較為文雅的幽默。瞭解你的孩子才是重點。一起讀書或是一起看電視，這樣你才知道他們在看些什麼及他們如何受到影響，你就能根據這些來說笑。我在一個朋友家和他們四歲的孩子一起看卡通。每次到了廣告時間，她會說：「我要一個那個。」我開始捶她，說：「我要**兩個**那個。」我們倆開始較量自己想要某樣玩具的程度，然後答應要買給對方。我們在廣告時間得到的樂趣比卡通時間來得多。

讓孩子來逗你笑——你可以因而得知**他們**覺得什麼好笑。有一些我最喜歡的發笑遊戲是有關試著**不要**笑。這幾乎不可能，就像試著不要想到粉紅色的大象一樣。最簡單的遊戲是凝視比賽，誰先笑出來或先微笑的就輸了——視規則而定。另一個叫做**嚴肅時刻**，大家要輪流說出：「現在是個嚴肅的時刻。」然後擺出非常莊嚴的表情，試著不要笑。祝你好運！

我確定大多數我列出的發笑和笑聲的重要性並非新點子。每個人都知道怎麼笑，怎麼讓孩子發笑。我之所以再將它陳述一次，是因為**我們常忘記大笑的重要性**。當我們面對不討人喜歡、攻擊性高或不合作的孩子，或當我們用盡耐心和幽默感時，我們變得特別容易遺忘或是嚴肅。有壓力時亦然。但這些情況正好是遊戲式教養最能幫得上忙的。

在某一層面上，遊戲和笑聲的關連是很明顯的。遊戲很有趣，笑聲是樂趣的配樂。就另一個層面來說，笑聲和遊戲背後更深層的目的之間有著一個重要的關連。笑聲是連結的徵兆、成功地完成挑戰的標竿，也是孩子不再覺得痛苦和受傷的指標。咯咯笑和捧腹大笑是孩子和大人以自然的方式釋放恐懼、困窘和焦慮。父母可以運用跟隨笑聲的技巧舒緩衝突或是緊張的時刻。

有一個注意事項必須先加以說明。呵癢可能帶來笑聲，但是**如果它牽涉到到壓制住孩子，然後違反他們的意志，就不要這樣做**。它帶來的笑聲並不算數，因為不想笑卻被迫笑會帶來無力感。這類的呵癢極容易變成權力的拉扯，因為強者才能贏。這種被制伏的感覺和另一種好的呵癢非常不同，好的呵癢像是輕搔嬰兒的下巴，或是當你和孩子在不能笑的比賽中試著輕搔對方。許多男人喜歡跟孩子玩壓制搔癢的遊戲，因為當我們還小的時候，這可能是唯一的遊戲，能讓我們有緊密的身體接觸而不用擔心公然的暴力。

一起大笑

一起大笑是參與和連結的基本方法，笑聲使人與人之間靠近。換句話說，笑聲是開啟孤立堡壘的鑰匙。憂鬱的孩子並沒有笑和享受生命的能力。

剛才介紹過凝視比賽，眼神接觸和笑聲是我偏好的兩種連結方式。另一種遊戲我把它叫做**莎士比亞的死亡場景**，把笑聲和身體接觸結合起來。孩子假裝射殺你、打你或是吐舌頭，你抱胸倒下，輕輕地倒在孩子的身上，用高度誇張的方式來演出這個場景。這些動作會引來孩子的笑聲。

另一種是莎士比亞的「愛的藥水」遊戲，靈感來自《仲夏夜之夢》。妖精之后被滴下愛情魔藥，會愛上她看到的第一樣生物，不管他有多像怪物。這正是孩子所需要的，不管他們做了、說了什麼，或像怪物一樣，他們仍需要被愛。當我們用他們的方式來參與，他們可以拿掉怪物面具，變成原來那個合作而喜悅的自我。因此引發大笑的方式之一是唱濫情的情歌、吟誦濫情的愛情台詞，或是編造濫情的讚美。趴在地上絕望地哀求會有加乘的效果。我知道這看起來很令人困窘，但可沒人說親職工作像在白金漢宮喝下午茶一樣優雅。當孩子做出噁心的事情——給你看他們嚼一半的食物或是說不好聽的話時，我喜歡用這個愛情魔藥的遊戲。「親愛的，我剛才看到的畫面是我這輩子看過最美的，你可以讓我拿我的素描本把它畫下來做紀念嗎……？」有時當你被羞辱時僅需要說：「謝謝！」就足以使孩子笑聲不斷。我的姪女莎拉七歲的時候跟她媽媽說：「我跟柯恩說他是個怪胎，他回答謝謝！真是個怪胎！」然後她跑回來我這裡一直笑，要再告訴我我有多奇怪。

如果有兩個大人在場，假裝爭奪孩子也會很有趣。「我要頭。」「哈哈，我拿到腳了，這是最棒的部分。」「不行，他全部都是我的，我好愛好愛他。」這個人身拔河是另一個能結合身體接觸和笑聲的例子，還有誇大感情的部分。孩子有個有趣的地方，那就是不管我們多適切地表達我們的愛，有時他們仍會感覺自己不被愛或是不可愛。可能他們無法一直感覺被愛著，雖然他們並不為此困擾，但幾乎每個孩子在某些時候都會有這樣的感受。許多父母和孩子會用這種滑稽的方法誇張地表達愛和情感，這對加滿杯子很有幫助，因為滑稽的部分是如此出奇不意。

當一群孩子在一起時，他們有時也會駛向一波波咯咯笑或大笑之中。為了某種原因，大人通常把它叫做傳染性的笑，好像我們很怕染上它一樣。珍惜這種時刻吧！只要想想兩者之間的對比：美好的團體歡笑，和針對一群代罪羔羊或是團體外的邊緣人所做的恐怖集體嘲笑。第一種是包容式的，會把每個人吸引進來。第二種用笑聲當做拒絕或是排擠的武器。同樣的，以滑稽的方式模仿孩子會引來笑聲，但是另外一種低劣的模仿就會變成惡意嘲笑，傷害別人的感受。我們看過孩子用兩種方式來模仿別人，有趣的和傷感情的。如果可以用體貼的方式模仿，它會帶來親密的良好感受。如果以惡意的方式模仿，則會在人與人之間築牆。你可以從孩子是否發笑來判斷。不要使用模仿訓誡孩子或是惹惱他們。相反地，用模仿加入孩子，跟隨他們的步調，以及表達你想接近他們的深切渴望。一起大笑吧！

打開無力感的高塔

當孩子成功地完成一個有挑戰性的任務，他們有時會笑，像爬山或是不用輔助輪來騎腳踏車。當他們恐懼但又不是太恐懼時，他們也會笑。他們會笑一些頑皮卻又不是太頑皮的事。有時小孩和大人會在他們不該笑的時候笑，像是喪禮，或是有人在街上跌倒受傷，或者在有關戰爭罪行的演講當中。這是一種自然的反應，用笑釋放恐懼、困窘和緊張。我們需要照顧他人的感受，也要瞭解沒有人喜歡聽到他人在莊嚴的事物面前笑出來，但我們也需要瞭解人類情緒的本質。笑是一種釋放強烈情緒的自然反應，即使那件事一點都不好笑。當卓別林滑倒跌坐在地板上，臉上充滿痛苦的表情時，每個人都笑了；這是人類天性。如果我們邀請孩子在遊戲時笑**我們**，他們比較有可能不會在別人面前無禮地笑出來。所以假裝跌倒，然後大聲地喊：「哇哇哇！」

運用遊戲式教養，我們可以幫助孩子以不會傷害別人的方式抒解這些情緒。我們和孩子花很多時間在一起大笑，同時使用一些特別的技巧。例如，幫助孩子面對恐懼時，**你**得裝作是那個害怕的人，很誇張地害怕著。你要確定孩子沒有被羞辱或是嘲弄的感覺。祕訣是不要用全然跟他們一樣的方式表達，只是運用一個大約的概念，然後將之誇張化。

我在和一位十一歲的男孩處理恐懼時，假裝害怕任何東西：鉛筆、Q這個字母、電燈泡、遊樂器，任何在房間裡看到的東西。他會問現在幾點，我會說我不知道因為我不敢看錶。他覺得實在太好笑了。這種遊戲讓孩子和他們的恐懼保持一些距離，這個距離恰好讓他們可以藉由笑聲釋放一些恐懼。

另一種較不戲劇化的方式來演出能力不足的情況，是用追逐孩子而不斷地讓他在快要被追到時逃脫。如果你假裝震驚不解，那就更好笑了。「你怎麼做到的？我抓到你了呀？這次我**真的**要抓到你。」然後你當然又失敗了；你也可能抓到他們、又不知怎麼地讓他們意外逃脫，他們笑得更大聲了。

為什麼這會如此好笑？過度的宣示讓大人看起來像個笨瓜，這已經夠好笑的了，但特別是因為它幫助孩子感覺自己的力量。孩子們常會在衝突或是混亂中讓對方感到無助、無力、愚笨或能力不足，這樣他就不需要自己去承受這些感覺，而且通常衝突和混亂就會跟著結束。在孩子以別人為代價來感覺權力時，並沒有人會挺身而出。這就是為什麼大人需要參與這類遊戲——孩子就不用這樣彼此對待。

藉著提高逃脫的困難度，但最後仍然讓他們逃脫，我是**在孩子發展的邊緣進行遊戲**。容我解釋一下：如果你安排得恰好，給孩子的任務不會太難也不會太簡單，孩子會很享受這個工作。我記得在研究所時看過一部有關兒童發展階段的影片。其中一個片段裡他們給不同階段的孩子看一個大娃娃，娃娃戴著一個眼罩。心理學家問：「這個小孩容易看到，還是很難看到？」幼小的孩子看起來很嚴肅地回答：「很難看得到。」年齡大的孩子覺得這個問題很蠢，不耐煩地回答：「很容易看到。」如果是年齡恰好的孩子，他們會一直笑一直笑。如果孩子的年齡正好能理解這個問題中的語言混淆性，他們就會覺得很有趣。同樣地，如果你有一個年齡剛好的嬰兒，你讓他看一根叉子，然後藏到背後去換成一根湯匙，你會看到一張驚奇快樂的表情，要你再表演一次。如果嬰兒還太小，他會發出聲音伸手來拿。如果太大，他們會斜眼看你，好像在問：「你到底在幹麼？」

幾年以後，當孩子知道有些詞彙讓大人抓狂，你光是說出這些詞或是假裝在聽到時驚怖不已，就足以讓孩子大笑。你知道我指的是那些詞。如果廁所或是詛咒的字詞使你困擾，發明一些字詞，使它們變成「禁忌」，然後在你聽到時假裝大吃一驚。

年齡層再往上一點的大班或小一生，我會說我想要和芭比或是暴龍邦尼結婚。對他們的發展階段來說正熱門的東西，便會引起他們的笑聲。我們並不知道他們什麼時候會脫離這些發展階段。看看魔術就知道，它應用的是可逆轉性、物體一致性和物體恆常性。打一個結是可逆轉的，但是把一根繩索切斷就不是，所以魔術的繩索才會這麼有趣。物體一致性指的是一條絲巾就是絲巾，不可能變成鴿子。物體恆常性指的是在杯子底下放一個東西，當杯子拿起來時東西應該還在。即使我們在嬰兒時期就學到這些基本概念，我們仍然喜歡看魔術和把戲，因為它們運用的正是發展的邊緣。

緩和氣氛

當我對小孩感到挫折時，我會說：「我要叫你回房間去。」或類似的話。這是以**假的**威脅轉換一下氣氛，把僵局轉成遊戲。如果成功，那種感覺很像煉金術點石成金一樣。這是另一種假威脅：「如果你再這樣，我就要把水倒在我頭上。」我拿起一杯水放在頭上，他們笑了。我並沒有真的倒水，他們會說：「好呀，你倒你倒。」但這個時候整個基調已經改變了。我們在笑而非挫折或是幾近衝突。

記得這是一個假威脅。挫折引起的真正威脅和憤怒說教會嚇到孩子，保證他們會拒你於門外。威脅，特別是針對自己的，可以釋放挫折。一旦鬆綁了挫折，你更有可能獲得孩子的合作。真正的威脅傳遞的訊息是：我在生你的氣，這是你的錯，你最好趕快修正。可以預見的結果是自我防衛和衝突。假威脅混合了幽默，傳遞的訊息是：對於現在我們兩個之間的情況我並不開心，而我想要改變這種情況。這次的結果是緊張狀態的解除，以及各自退讓。許多父母會說：「我在生氣的時候沒辦法這樣玩。」可是，我們在生氣的時候無法做好父母的工作，所以不如就緩和一下情況。暫時休息讓你自己可以冷靜下來。

把緊張的情境轉變過來，你可以嘗試一點輕鬆和一點過火的組合。我發現當我**真的**想要尖叫，**假裝**尖叫會有幫助。這之間微妙的差別在於，真正的尖叫會嚇到孩子，會使我們覺得更不舒服。假裝尖叫則讓孩子高興起來，會將他們拉回我們身邊一起合作。我無法不用聲帶來示範，所以請假裝誇張地大喊一下，但不是嚇人的吼叫。

和好與裝傻

如果你無法避免衝突，笑聲也可以是和好的一部分。通常不願意從對抗中放手的是大人自己。在願意重新連結之前，我們想得到孩子無盡的懊悔、彌補和道歉。我們拒絕笑聲，彷彿緩和下來是在獎勵孩子的壞行為。但是，笑是一種療傷的過程。記得，親子之間大多數的困難，真正的問題是缺乏連結，所以解決之道是更多的連結。在下一章會談到，處罰是把壞的感受鎖起來，而分享笑聲把它解放出來，讓親子可以重新找到彼此。

裝傻可以鬆解繃緊的時刻，對一些人來說是比較容易的。例如，我在一個小學裡下樓梯時走在兩個男孩的後方。大的那個把另一個的背包拖在地上，看了十分令人討厭。他以為這樣很好玩，但另一個男孩越來越生氣。我可以看到生氣的男孩沒什麼好的選擇，他要不得忍氣吞聲，要不就得開始一場將輸掉的爭吵。我用一種平靜而踏實的聲音對那個使壞的男孩說：「你看起來比他要喜歡這個遊戲。」他停下來了。他根本不想讓另一個男孩喜歡這個遊戲。我裝傻而不是教訓他，要他注意到自己的行為和另一個男孩的反應。感到困擾的男孩也受到了保護，如果我把兩個人送到訓導處，可以想見個頭較小的那個會在事後受到報復。

當哥哥或姊姊對年幼的孩子很惡劣時，我會用我目瞪口呆的聲調對年幼的那個說：「哇塞，那一定很不好受吧，他這樣對你，你要怎麼討回來？」他們通常沒辦法回答，但是他們的眼睛裡會閃爍著些許的光芒。或者我會用輕快的聲調對大的那個說：「哎呀，這實在太惡劣了，再來你會做什麼呢？」如果我回應嚴肅地教訓他們，他們會在一秒之內忘記我說的話。傻蛋的方法捕捉到他們的注意力，他們可能會因而停止，思考一下自己的作為。而他們通常也會跟著笑了起來，而不是升高暴力和衝突的氣氛。

將尊嚴放在一旁，找回你的孩子

孩子經常覺得自己很笨——不管是否公開承認，他們渴望有時看到愚蠢的是別人來交換一下處境。為了協助孩子，我喜歡的方式之一是把自己的尊嚴放在一旁。這除了讓孩子在遊戲式的互動中擔任比較有力的那方之外，也讓他們復原受傷的自我。我發現假裝傻瓜讓孩子笑得最厲害，大人也會發笑。我會唱好笑的歌曲、跌倒、四處舞動、或者讓自己看來很蠢。要成為把尊嚴丟在一旁的專家需要一些練習。

來談一個我把它叫做**路瑟．維德．虎克船長**的遊戲。我和一個六歲小男孩一起玩，他說他是《星際大戰》裡的路克．天行者（Luke Skywalker），我是黑暗面的達斯．維德（Darth Vader）。這當然沒問題，不過我們還沒開始玩，他又幫我換了角色。「不是，我是彼得潘，你是虎克船長。」「好的。」「等等，我是超人，你是那個壞人路瑟。」我猜他想藉由扮演好人來感受自己的力量，但是當他指定壞人之後又覺得受到威脅。他不停轉換而我們根本沒有在遊戲。他很想用超級英雄克服他的恐懼，但是這個遊戲本身又帶來太多恐懼。

換句話說，如果遊戲是經歷從恐懼中平復的車輛，我們卡在雪堆裡，輪子空轉著，最後不了了之。於是我把所有的角色變成一個，這樣他就無法再改變主意，然後我讓自己變成最無能和滑稽的那個。當孩子扮演好人時他們不想要壞人**太**有力量。我開始唱著：「我是路瑟．維德．虎克船長，我是這裡最笨最蠢的傢伙。」我讓他很清楚地看到不管我多有力量，他一定會贏。他很愛玩這個遊戲，反覆玩了好幾個月。第二次玩的時候，他為我編了一首新歌，「我是路瑟．維德．虎克船長，我最愛大便和尿尿……」我們開心地大笑。

把尊嚴放在一旁對父母來說是很高的要求，有很多大人沒有辦法鬆掉自己的角色。在工作或其他場合我們隨時被期待要嚴肅，而孩子卻巴不得我們跳脫出來和他們一起玩。當大人不確定要怎麼跟小孩開心地玩時，我問他們：「你能做到最誇張的事是什麼？如果你真的做了，天會垮下來嗎？」

漢崔克斯（Harville Hendrix）是有名的婚姻關係專家，他建議伴侶玩哈哈遊戲。兩個人面對面靠近站著，踮起腳跟，用腳尖輕輕彈跳，輪流用友善的聲音說：「哈！」直到兩個人都衷心地大笑為止。這位專家的基本概念是「面對面高能量的趣味」對重新連結來說是無價的。成人常表現出彷彿世界上只有一種面對面高能量的趣味（限制級的），但是孩子知道許多種。我們需要從他們身上學習……和練習。

成人的遊戲，像是網球、橋牌和釣魚都十分嚴肅，著重於正確如實地做好，如羅傑斯（Cosby Rogers）和薩依爾（Janet Sawyer）形容的一樣。因此，要像孩子一樣地遊戲，你需要笨拙地犯錯，誇大、鬆綁，**試著**去享受樂趣。

在工作、家務、照料孩子後轉換心情是親職工作最困難的部分。大人的工作幾乎是沒有笑聲的，因此要創造充滿笑聲的遊戲空間並不容易。我們大人大多藉由電視、酒精和小睡片刻來放鬆，這些都不在遊戲式教養的範疇，而且也沒有顧及孩子的需求。父母也有自己的需求，但如果下班後孩子僅僅是你的困擾，那麼你就該做一些改變了。騰出一些時間做高能量的遊戲，享受笑聲，這樣可以滿足每個人的需求。辛勤工作的父母可以放鬆，孩子可以充滿生氣，每個人都可以連結。

父母的工作是很辛苦的，而不快樂則加重了負擔。大多數的父母都繃得很緊，有一些甚至過度憂鬱。生活中所有該做的事剛好把你的精力榨乾，你根本沒有餘力享受遊戲和樂趣。也可能直到你試著加入孩子的笑聲和遊戲時，才發現自己並不快樂。如果因為你自己的一些感受而完全無法接受這裡提供的想法，那麼請你誠實地面對這些感受。檢視自己的內心，和別的父母聊一聊，找專家協助你。你的孩子會等待和原諒，但他們很希望你能放鬆。

從笑聲到哭泣：當好遊戲導致壞心情

我的女兒五歲時有一次和我們的朋友提姆一起玩。提姆自己並沒有小孩，但很願意和艾瑪一起遊戲。艾瑪做迷宮給提姆試，他們一起玩很得開心。但是當提姆做了一個迷宮給她時，她不斷嘗試卻一直失敗，而提姆的試圖幫忙只是讓艾瑪更加挫折。她對提姆說：「我討厭你！」並丟下一些不太好聽的話、憤而離去。後來她再回來時，她看起來很開心地又要玩耍，但是可以看出提姆還沒準備好。她看起來有點驚訝，不明白為什麼提姆還在生氣。

孩子有時會高估成人處理情緒的能力，特別是那些花時間和他們一起遊戲的大人。提姆很訝異艾瑪為什麼可以突然從開心轉變成憤怒，然後又變成開心。我建議他們兩個可以先做連結，先握手或是講笑話。她對我吐舌頭，說她也討厭我，然後就走回房間。

她母親、提姆和我在廚房裡，艾瑪又帶著一個微笑回來，建議大家一起玩個遊戲。這個時候大人已經沒有遊戲的心情，因為我們大人通常會把這類的侮辱認定為人身攻擊。我又再一次建議大家先做連結。艾瑪翻了白眼，走回她的房間。我們可以聽到她自己玩的聲音。我說：「她都已經克服了討厭我們的感覺，但我們卻還沒克服。」這樣一說緊張的氣氛就鬆弛了下來，我們一起大笑。艾瑪又走回來兩三次，每次都建議我們玩某個遊戲；我總會建議她先做連結，但她會忽略我、然後離開。我試著擁抱她，她尖聲地躲開逃走。

她再出來的時候手裡拿著一個紙板和一根塑膠湯匙，這是她的「雙面留言板和留言筆」。她坐在沙發上，我們也走了過去。她假裝在上面寫字，遞給我，說她有留言給我，然後她「唸出」：「我愛你，爸爸，但是我不想抱你。」我問她我可不可以也留言給她。她說**她可以**幫我寫。她又假裝在上頭寫字，然後唸給我聽：「我想要抱你，但是我還是愛你。」然後我問她想不想寫給提姆。她在她的板子上寫字：「有時候我假裝我討厭你，你當真了。」提姆說：「是的，我搞錯了，我真的當真。」她又再寫了一些，唸給提姆：「我假裝我不喜歡你，但我真的喜歡你。」提姆說：「那真是一個神奇的雙面留言板。」她回答，「是的。」

在這段故事裡並沒有笑聲，但是我用它來說明在遊戲中情緒會很快地轉換。可能在笑聲不斷的角力遊戲之後，孩子踢到腳趾、淚流不止。也可能是在你當馬，讓孩子騎在你背上，一小時後你說很累了要他下來。他不但沒有說「爸爸，很好玩，謝謝！」還抗議道：「你都**不跟我們玩，你的背老是在痛。**」

這種從笑聲到哭泣到發脾氣的轉換，是因為孩子心裡有蓄積成堆的壞感受。他把這些感受安穩地鎖在門後，而當有趣的遊戲把情緒的大門敞開，讓開心的感受出來時，而其他的感受也跟著蜂湧而出。哭泣啟動後可能會持續一段時間。很少父母瞭解這對孩子來說是一個健康的過程，讓這些堆積、沒有釋放的眼淚有機會哭出來。我們責怪孩子，認為他們沒來由地爆發情緒。陳舊的感覺緊抓著小小的理由趁虛而出，特別在長時間的遊戲之後。若在孩子釋放這些情緒時，我們可以坐下來陪伴，他們在鑽出這個情緒後會變得更快樂。

對成人來說這個轉換很難理解，但它卻相當正常。所有的孩子都需要在哭泣時被擁抱，或在生氣時有人安靜地聆聽，或者在憤怒踢腳時被溫柔但穩當地抓著。如果有心理準備，你就可以放鬆讓孩子表達及完成情緒釋放。如果沒有準備好，你會容易被激怒：「你怎麼可以這樣對我？我已經跟你玩了一小時，不要再哭了，好幼稚。」但是這些情緒並非沒來由的，它們從內心深處浮出表面，而充滿笑聲的遊戲好處之一，是它能給孩子足夠的安全感來與我們分享這些感覺。

從笑聲到哭泣通常是由輕微的受傷觸發，父母也常易產生誤解。他們會說：「你沒有真的受傷。」孩子或許真的沒有受傷，或是真的小題大作，但這才是重點。他利用輕微的受傷做為釋放舊傷的機會。或許這些眼淚是上一次他傷得較重而你正好不在身邊時留下的。或許他覺得一定要身體受傷才能理所當然地被你安慰和擁抱。不管是哪一種原因，你只需要愛他、抱他，對他的釋放情緒表達安慰和接納；他是因為和你在一起才有這樣的安全感。

有些父母並不會忽略孩子的恐懼，相反地他們過度反應，結束孩子的遊戲。「不要再玩角力遊戲了，**我就知道**有人會受傷。」但是遊戲本身並沒有什麼危險，孩子只是利用這個機會釋放舊的情緒而已。我們只需要暫停一下遊戲，然後再回到遊戲中。因為孩子抒解了一些痛苦的情緒，現在他反而更能享受遊戲的樂趣。

遊戲式教養強調笑聲並不表示每分每秒都要充滿著令人暈眩的興奮。我們也會有傷心、害怕、寂寞的時刻；有時孩子並不想大笑，仍可以感到滿足。跟隨笑聲不是要到處逗人開心，或是哄騙孩子轉移他們的情緒。孩子可能看起來很嚴肅但沒事，所以也不用硬是得笑。滿足的認真與冷漠的嚴肅之間的差別就是我所謂的融入。孩子對正在做的事很投入嗎？他很專心、放鬆而感興趣嗎？或者他覺得無趣、無精打采，或是遇到困難了呢？

羅傑斯和薩依爾說，當你想弄清楚孩子的遊戲進行得如何，你得先問自己：「孩子很快樂嗎？他們的眼睛裡有光芒嗎？」這個光芒表示笑聲正等著要浮現，或者它可以是一種心滿意足的嚴肅，或是完成挑戰的滿意感受。

帶來笑聲的愉悅遊戲幫助孩子在生活的嚴肅面立下成功的基石，面對新的階段。妹妹出生時珊卓三歲。在「蜜月期」結束後，珊卓再三地問媽媽：「為什麼你總是看著妹妹？」她說話的時候帶著厭惡和嫉妒。她的媽媽莉絲以理性的方式解釋為什麼她得花這麼多時間照顧嬰兒，問她是否覺得嫉妒，這些都沒有用。挫折而煩惱的莉絲在廚房裡轉述給我聽，我的女兒正和珊卓在房子裡玩，有時她們跑進跑出。

我叫珊卓過來對她說：「珊卓！我正在看著你！」我靠近她的頭和眉毛：「這樣我才能好好地看著你。」而且讓我的眼睛因為過於認真注視而緊縮。我們兩個一直笑著，我女兒也過來看。她們倆一起跑開，但珊卓很快又回來跟我玩這個遊戲。當莉絲和艾瑪跟我說話時，我會說：「我現在不能說話，因為我很專心在看珊卓。」下次我們再前往拜訪時，莉絲告訴我，珊卓已經不再問那個同樣的問題，她有時會跑到媽媽身邊，用非常嚴肅的聲音說：「媽媽看我。」莉絲會專注地凝視她，珊卓則像乾涸的花朵一樣吸入媽媽的注意力。她帶著認真的表情站著不動，直到她決定離開去玩耍為止。我想稍早我們短暫的「跟隨笑聲」遊戲讓她能夠以直接和非遊戲的方式向母親表達她的需求。關於媽媽為什麼一直看著嬰兒的間接問話，讓莉絲覺得困惑。但直接的問話卻不會。不像許多哥哥姊姊一樣，珊卓並沒有以傷害或是威脅嬰兒的方式引起母親的注意。

你的家裡、遊戲場或學校裡有足夠的笑聲嗎？在我的觀點裡，好的學校和班級應該是充滿笑聲的。我們忘了孩子在快樂的時候會有最好的學習成果。在評量學校的時候，沒有人去問孩子是否快樂。很多父母和兒童發展專家感嘆自由遊戲的消失。我的看法是，讓我們停止感嘆，跟隨笑聲的腳步吧。

第6章

帶來親密、自信的角力遊戲

保羅在和弟弟派克一起遊戲時必須表現超乎平常的控制力。……保羅對嬰兒大吼，然後尖叫一聲後停止，蜷縮自己的身體以保持和派克一樣的高度。在和弟弟角力時保羅控制自己的力道近十五分鐘。

——史多姆（Shirley Strum），狒狒遊戲的描述每當我談論這章的主題——角力、打鬧、活動力高、攻擊性的遊戲時，都會立刻被打斷。父母，特別是母親，堅持他們不要、不會、不可能角力。所以我以特別的邀請開始這一章的內容：**即使你不認為你會想角力，或者你認為你已經知道了，還是請你繼續讀下去**。即使你不角力，這裡還是有許多有用的概念，或許你會改變心意。

許多動物包括人類都會角力，而我們似乎為了不同的原因要角力。孩子玩角力或扭打來試驗自己的身體能力、享受遊戲的樂趣和控制自己的攻擊性。

不管是難以駕馭或是文靜的男孩和女孩，都能從與成人考慮周詳的體能遊戲中獲益。那些會在學校和遊戲場中打鬥的孩子，需要先有個機會和一位能專注協助他的人角力，藉此處理他們的恐懼、猶豫、衝動、憤怒等情緒。這是我們的工作，因為我們不會在他們哭泣或是放棄時罵他們，也會在他們需要休息時停下來。其他的孩子並無法在必要時隱忍，或是鼓勵別人表達情緒。同時那些活動力不強的孩子需要和成人角力來探索身體的力量，發展他們的自信和自我肯定。所以我要做個區別，遊戲式教養法所談的角力遊戲，和那些孩子之間的打架與攻擊性有所不同。在這章會談到各種的角力，從一開始的角力原則談起。這些原則讓角力成為帶來親密度、自信和從情感傷害中復原的遊戲。我們談的不是職業角力。

柯恩的角力規則

記得愛之槍的遊戲把侵略的衝動和斷裂轉換成遊戲吧？角力或類似的遊戲也可以把無力感轉化為自信，把孤立轉化為人與人的連結。大多數角力遊戲的問題在於強者勝利，弱者只能放棄或受傷。有時兩個小孩在角力時會想辦法避免這些問題，但是大人的參與可以確保遊戲順利地進行。別擔心，我會提供一些基本規則。

在《聖經》故事中，雅各（Jacob）和一個其實是天使的人角力。雅各雖然受傷還是沒有放棄，直到天使給他祝福為止。佛教中也有類似的故事，尊者密勒日巴（Milarepa）在魔鬼出現在他的洞穴時並不害怕，只是給他們喝茶直到他們消失為止。當孩子表現出他們野蠻而害怕的那面時，我們只需要像雅各一樣堅持，像密勒日巴一樣冷靜。如果我們在身體上及情感上都與孩子在一起，那麼我們會發現，埋藏在憤怒、恐懼、沮喪或寂寞感覺底下的，是一個樂於合作的、充滿愛和喜悅的人。和孩子角力可以幫助他們找回真正的自我。

角力有無限種方法。你可以把他們的肩膀固定在地上，或者讓他們固定你的。他們試著要闖越你，或者你闖越他們。他們試著把你擊倒在地。你抱著他們，他們扭動掙脫。他們可能需要你拋下自尊，表現得無能，才能讓他們感覺有力量。

如果他們的個頭比你大或強壯，你可能需要安排讓自己有點優勢，或者至少讓他們在贏之前能使出全力。例如，在腕力比賽時你可以讓自己的手肘離桌或是可以用兩隻手。或者你只是需要盡全力，表現出老鳥的生命力，即使你的孩子最後會贏。

以下是我歸納的角力十規。

柯恩的角力規則

1 提供基本的安全原則。
2 發掘任何可以連結的機會。
3 找尋任何提昇孩子自信和力量的機會。
4 運用每個可用遊戲處理舊傷的時機。
5 根據孩子的需要，提供程度恰好的阻力。
6 緊密地留意。
7（一般來說）讓孩子贏。
8 當有人受傷時立刻停止。
9 不可以呵癢。
10 別讓你自己的感受變成阻礙。

1 提供基本的安全原則

為了確保安全，訂定基本原則。**不能打、不能咬、不能搥、不能踢、不能勒脖子**。這除了是基於安全考量之外，推與抱對建立自信與連結的幫助比打人來得大。你對零受傷的堅持，包括自己在內，建立了安全的感受，讓更有效的角力可以進行。你也要留意情感上的傷害。不要嘲笑或羞辱孩子。由於角力中即使沒受傷也會常需要大喊「唷喲」或「停」，你們可以協議出一個暗號表示立刻停止，不會與角力的口頭禪混淆。像「終止」比較直接，也可以用好笑的詞像是「香蕉奶油派」。在暗號被說出來或有人受傷時要立刻停下來。

對於基本原則，孩子可能需要提醒幾次才會記得。最好是經常提醒他們，或是溫柔堅定地抓著他們，你才不會受傷，而不是等到有人違規時叫暫停。看你是否能持續投入、繼續玩要，同時維持安全。我們也可以藉機協助那些較易衝動、攻擊性強的孩子逐漸提昇他們控制的能力。同儕之間的角力之所以失控就是因為沒有人特別留意安全性，所以玩的打架就變成真的打架，然後以受傷收場。

2 發掘任何可以連結的機會

在中場時擁抱。盡可能注入連結。如果孩子避免和你眼神接觸，可以說：「在我們戰鬥到死之前，讓我們以古戰士的傳統互相深情地凝視吧。」角力和搥打沙包之間的最大差別是：人與人之間的連結。

必要時你得設定底線，而這也是連結和培養力量（培力）的時機。大人常會在孩子跨過自己容忍的限度時突然結束遊戲。有些底線是合理的（孩子咬了你），也可能僅是大人自己無法承受而已（像是擔心鄰居的想法或是自己的感覺受傷）。不管是哪一種原因，都是和孩子談論有關規則和感受的好機會，而非結束遊戲。多練習用輕鬆的方式設定底線，然後再回到遊戲。

若口頭的勸告無用，試試看用一種不會傷害任何人的方式角力，但持續投入和連結。若孩子曾是暴力受害者，則需要特別的安排使他們能夠盡可能用力和野蠻地角力而不會傷害別人。當然如果只有停止才能確保安全，或大人已經無法控制自己的怒氣時，結束遊戲並非絕不可行。

3 找尋任何提昇孩子自信和力量的機會

這可以透過提供程度恰好的力道，以及鼓勵孩子來達成。同時擔任教練和對手需要一點機警，但最終目標都是鼓勵和挑戰。我常在角力時告訴孩子：「不能耍詐。」運用身體力量比使詐更能使他們認識自己身心靈的能力。基本的訊息便是：「歡迎你使用你的力量。在這裡你可以同時有力量也有連結，不用傷害任何人。」

4 運用每個可用遊戲處理舊傷的時機

如果一個小孩稍早曾經面臨困難的挑戰而對自己不滿，他可能會藉由角力和你重玩一遍，你代表了障礙、霸凌或是困難。贏過他在對抗的對象會有幫助，不過並不是必要的。他需要在你為他加油的情況下使力地作戰。將舊傷成功重現的關鍵在於：它讓孩子回憶起原始的傷害，但回憶又不能過於清晰，否則孩子會因為太害怕或無力而癱瘓。他需要你提醒這次他可以主導，而且有你在旁邊，他很強壯很安全。

5 根據孩子的需要，提供程度恰好的阻力

角力的重點在於提供阻力或抗力。目標並不是打敗孩子或是讓他們贏，而是讓他們充分運用內在力量，不必以傷害別人的方式。以足夠的阻力遊戲，是讓孩子能感覺到你的存在以及獲得自己有力量的意識，但是力量又不會大到讓孩子感覺不知所措或被迫放棄。有些很小的孩子因為曾有創傷經驗、目睹過多暴力或特別容易懼怕，你只需讓他們碰你一下，然後倒下假裝很痛就可以了。他們可能只能應付這個力道而已。

當孩子長大一些，或已較能自在地和你角力，他們可能需要多一點阻力。你會需要推擠回去，或是做適當的安排使他們真的必須努力才能制服你。更年長、強壯及有自信的孩子，你就得讓他們使出全力才行。若孩子在角力時想傷害你，你需要用溫和但穩固的力道約束他們，這樣他們才不會傷害到你。當孩子被這樣約束時，他們可以用力掙扎，釋放出一直以來導致攻擊好鬥的痛苦感受。

6 緊密地留意

雖然我們永遠無法百分之百地確定，但只有在緊密地留意之下，你才能提高成功的機會，分辨出是否該做連結，或是建立自信，或是遊戲到最後。有兩種訊息表示你應該做對了：一個是咯咯的開心笑聲，另一個是流汗、使力和努力。兩者可能交替進行，表示角力從樂趣的享受轉變成對抗無力感。未能有眼神的接觸、放棄、盲目的憤怒或是孩子試圖傷害你，都表示事情不太對勁。小心你自己或是他們過度高漲的怒意，這時會需要靠休息平靜一下。

在孩子踢和打得很用力時，你需要盡全力才能不要讓彼此受傷。這時的他已經不是在角力了，而是在釋放堆積成山的懼怕和憤怒。孩子可能只有模糊地注意到你在抱著他們，不讓任何人受傷。撐下去！跟他輕聲地說話。會這樣是因為孩子曾受過傷害或是驚嚇，對孩子內心有這麼多的情緒，你可能也非常震驚。角力開啟了這些沈重感覺的大門。雖然釋放的過程有時感覺上持續很長，但當他釋放之後，絕大多數的孩子表現出顯著的不同。他們可以深刻地注視你、他們能笑，他們想要嘗試過去自己覺得很困難的事物。起初父母都會對這些爆發的憤怒感到不解和驚恐，但一旦看到孩子在事後表現出來的快樂和放鬆，他們瞭解到角力和情感傾洩對自信與親密的幫助。

7 （一般來說）讓孩子贏

角力最棒的結局是孩子的勝利。我在第5點提到，孩子需要投入不同程度的搏鬥來獲得成功。在有些情況下，孩子需要知道你使盡所有的力氣才贏了他的。和之前講到下棋的情況一樣——你剛開始讓他贏，然後逐漸提供更多的力道。有時在角力中並沒有輸贏，只是體力的遊戲而已。

8 當有人受傷時立刻停止

即使在受傷後孩子好像還想繼續玩，還是應該立刻停止。停下角力或是其他活動來關心受傷的情況，特別是男孩，因為他們被鼓勵要忍耐、繼續遊戲。在受傷時繼續遊戲，把痛往肚子裡吞，並沒有辦法培養出品格，只是製造了**盔甲武士**。然後我們不解地問為什麼男孩和男人不容易親近，對感受不敏感！我們強烈地想要給男孩盔甲來保護他們，但不明白其實這並不是讓他們在世界中安全的好方法。當現今的女孩較被鼓勵允許在運動場上活躍，男孩卻仍不幸地要接收這種忽略痛苦的訊息。

一些其他的男孩或女孩所需要的挑戰，反而是不要在受傷後放棄，但是需要在休息之後回到遊戲當中。一些孩子（和大人）會在小擦撞後想要放棄。他們需要尊重與溫和的鼓勵以便再次嘗試。即使你懷疑孩子可能只是假裝受傷，仍然要停下遊戲，放慢腳步重新出發，並提供較少的抗力。假哭和抱怨疼痛是孩子不知所措的徵兆，這時候應該要調低遊戲的難度與等級。

9 不可以呵癢

違背別人的意願做呵癢或壓制是不被允許的。呵癢可能有趣，但孩子會感到無法控制。它也是令人困惑的事，因為笑聲好像表示他們很快樂，但實際上可能不然。如果孩子要你搔他們癢，試著迅速地輕戳一下，然後在他們停止笑之前不要再出手，不要連續搔癢。或者你可以靠近他們假裝要呵癢，接著後退不動——你會得到一樣的笑聲卻不用讓孩子感覺無法控制。或者試著提供不同型態的親密。之前提過，好呵癢與壞呵癢的差別，就好像輕搔嬰兒下巴他們咯咯地笑，或是你的叔叔哥哥呵你癢時把你壓住直到你尖聲求饒為止。

10 別讓你自己的感受變成阻礙

成人剛開始這樣和孩子角力時，心裡常會湧出自己童年的舊創。他們會有一股想羞辱、搔癢、嘲笑或支配別人的衝動，反映了小時候自己曾受到的對待。或者他們覺得脆弱和無力。事實上許多人對角力的看法，要不是因為他們小時候不喜歡角力，或是他們曾看過大人與小孩角力，而大人角力的方法受到深埋內心的舊傷影響著，包括狂怒、競爭、無力感和無助感。這裡談的角力是為了孩子的自信和力量。不要讓自己的感覺阻礙了這個目標。和一個比自己有力卻絕望地想贏的大人角力，對孩子一點幫助也沒有。這是他們的時間，不是你的。

在最後一章會談到如何在這些感覺發生時有效地處理它們。在這之前如果你的舊創浮現，先把它放在一旁，專注在先前提到的目標及原則上。

童年沒有體驗過身體能力的大人會對這類的遊戲感到遲疑和卻步，像那些曾經不被鼓勵玩這類遊戲的女孩，或是有些常挨打的男孩，這些人可以先找一位朋友做練習、在鏡子前發出空手道般的喊叫、上一些武術課程，或是進到力量之屋（如第4章所提）。

大部分的男性屬於另外一群，他們在孩童時就被鼓勵可以粗魯、好鬥和競爭。角力關乎自己的生存。因此我們不知道如何用角力來培養孩子的自信和連結感。**把競爭和殘暴放在門口**。如果你感到生氣或挫折，千萬不要角力。和孩子保持眼神接觸。中場休息做個擁抱。目標放在孩子的笑聲而不是超人般的英勇。我們小時候都需要這樣的遊戲，可惜大人並不知道可以用這樣的方法幫助我們，結果留在我們心裡的感受是像鬆開的炮彈，或是獨留在戰場上的士兵。

如果你無法把感覺放在一邊，你得誠實地用幽默表達出來。最有效的方法是誇大它。「好累喔，我一秒都不可能清醒了。你要把我弄到沙發那邊。如果我再比下去我會死翹翹。」

開始遊戲式的角力

如果你從沒角力過，要如何和孩子開始呢？很簡單，你就說：「我們來角力吧！」他會問：「那是什麼？」你說，「你試著用力把我壓倒，你試著爬到我的背上，讓我的肩膀著地。」從簡單的開始，之後再進展到比較複雜的，像是你們兩個都要試著把對方壓倒在地。或者你可以雙膝著地，說：「試著把我推倒。」（有墊子或地毯會是個好主意！）

在一個小孩的生日聚會中，男孩的父親假裝是一頭牛，每個孩子需要把他拖過草地上的一條線。父親發出像牛一樣的哞哞聲，然後給每個小孩他所需要的不同阻力。

我舉個例子來說明，有時當孩子需要的是勝利而不是公平的較量時，你需要提供少一點的力道。艾瑪有回在祖父母家，快過五歲生日的她顯得坐立不安，因為她得等上幾天才能拆禮物。她想要角力。我以為挫折感會讓她想使力較量。但她卻安排了不用角力的遊戲。她想通過我到沙發那邊，當我抓住她時她說：「讓我過去。」換言之，她直接告訴我她要的是什麼。

這是因為在幾次角力之後，孩子能很快領悟角力的精神，然後告訴你他們需要的是什麼。這回我和艾瑪不用戰鬥。但是輕易獲得的勝利沒什麼幫助，我的工作是讓她很輕易勝利，但過程充滿樂趣。在幾次假動作後，我們發明了很有趣的遊戲。我站在房間的後面吹牛說我有多麼厲害，說她不可能通過我。然後她騙過我通過房間。我假裝震驚，走到房間的另一頭重新開始。我提高遊戲的挑戰性，告訴她每一次要用不同的方法騙過我。當她想不出來時她可以再用一次舊方法。她一直咯咯地笑著意味著她喜歡這樣的挑戰。她發明的方法十分有創意，包括假裝把我催眠。我也會給她一些暗示，兩腳張開地站著說：「沒有人可以通過我。」然後她會從我的腳下爬過去。下次我蹲下來，她便從我身上爬過。

這個例子並沒有真的角力，我用它來說明大人應該提供的力道。這個遊戲的趣味一部分來自於我裝傻地自誇。

有回我和一位八歲男孩遊戲，我們之前玩過一次，我知道他喜歡角力也喜歡贏。我一進門就用假裝驚恐的聲音說，「哦，不妙了，我又要角力了。」他用惡魔般的笑聲回應，我們開始角力。但他很快地抽身跑到玩具櫃去。他雖然有興趣但還沒準備好。

我想讓他主導但需要先跟他連結。當他伸手去拿樂高盒子時，我說：「不好了，你剛才摸到藍色的塑膠，現在房子要倒下來了。」他的眼睛閃亮了起來，臉上又再度有抹微笑。他跑到房間的另一邊，讓我位在他與盒子之間，然後猛地撲向盒子（我確信我忽略過無數這種細微的訊息，但很高興我捕捉到這個。他可以待在盒子旁邊再摸一次，可是他沒有，他讓我在中間，這樣他就必須越過我來觸摸盒子）。我們玩得很久，很開心，最後確實在角力，但是以他的方式。我想第一次我建議角力時，他似乎在害怕自己攻擊性的衝動。房子就會倒下的點子誇大了他的恐懼，而且讓它變得有趣，也讓他重新出發。一般的孩子沒有機會運用角力，只能把自己的衝動封鎖起來直到它們爆發為止。

攻擊性

當我們看到國家地理頻道拍攝的幼獅打鬥畫面，我們假定牠們在練習獵食和打鬥技巧。我們沒有看到的是，牠們也學習如何控制和調整自己的攻擊性。人類的幼子也需要玩打鬥遊戲，特別是男孩。他們不僅在練習攻擊能力，也在練習約束和控制。我最愛的例子是狒狒，牠們的許多社會關係與人類有微妙的相似之處。某方面來說牠們在控制攻擊性方面說不定做得比人類好。

史多姆的書裡描述一隻青春期的雄性狒狒喜歡加入較小的狒狒團體玩野蠻的混戰遊戲，三、四隻猴子吊在一隻猴子的身上。在情況變嚴重之前，牠們會轉移到另一隻身上。偶爾會有小猴過度興奮，變成過度攻擊性，但因為其他猴子想要繼續玩，所以攻擊性會受到控制。在本章一開始提到的保羅，當牠和年幼的弟弟玩耍時，以令人驚訝的方式約束自身的攻擊性。即便十五公斤的保羅比三公斤的派克強壯許多，而且保羅曾被描述為「戰鬥機器」，卻從未有人目睹派克被弄傷過。

當美國的孩子玩戰爭遊戲時，他們通常會像幼獅一樣，測試自己的肌肉和他們的「爪子」，探索衝突、結盟和策略的複雜性。但是戰爭遊戲對不同孩子的意義十分廣泛；特別因為你不必住在戰亂的國家就能目睹暴力。我們每天都會暴露在真實或是想像戰爭的影像中——

在電影、電視及卡通裡。每天都有孩子在槍擊、衝突或意外中死亡受傷。有些父母認為戰爭遊戲沒什麼不好，這是一種處理情緒的方式。畢竟幾個世紀以來，所有的孩子，特別是男孩，一直都在玩這種遊戲。有些父母則懼怕這類遊戲，怕遊戲會導致真正的槍枝暴力，或是卡通裡的死亡會讓孩子對真實的痛苦和苦難麻痺。兩種都有些道理。

（請注意：當住在戰地的孩子玩戰爭遊戲時，它的意義就完全不同了。孩子會用遊戲從目睹及經歷暴力的創傷中復原。但大人也都是受害者，因此這樣的遊戲沒有達到療癒的功能，反而容易變成真正的攻擊。）

有些幻想的戰爭遊戲是有益的，可能有想像的槍或是武器，有音效也有死亡的場景。想像的武器（手指、紙筒或樹枝）讓孩子可以創造遊戲和規則，演出他們所關切的議題，交戰狀態、暴力和武器。成人在這類遊戲中也有需要扮演的角色，誇張地在孩子對你說「砰砰砰，你死了」時，演出死亡場景以保持遊戲輕鬆的基調。或者引入關懷的主題，像是戰地護理人員或是袍澤之愛。

另一方面，玩具槍，特別是擬真的那種，容易限制孩子遊戲的方法。當星際大戰的黑暗勢力炸毀一顆星球時，你還能做什麼呢？但當你厭倦了把紙筒當做光劍時，你還可以讓它變成火箭或是導演筒。當你厭倦了你的假烏茲槍時，你不太可能把遊戲變成中東和平會議。在極端的情況下，暴力遊戲可能變成真實暴力的訓練，預演當你對別人生氣時該怎麼用槍。

我不相信你能夠或者應該禁止所有的攻擊遊戲。孩子需要與攻擊的衝動和平相處，不管是他自己或別人的衝動。如果我們不讓他們在遊戲中練習，他們還是會在真實的生活中練習。不過，你還是可以和孩子愉快地協議出一套方法，不會違反你的價值或信仰，也能讓他們表達自己。例如孩子可以用想像的武器像是魔杖和龍齒，但不能用想像的槍和子彈。消除所有的攻擊遊戲會事與願違。因為被禁止的緣故，孩子可能反而會著迷於戰爭和武器。而如果連生氣或是暴力的感覺都不被允許，孩子可能會覺得自己有問題。好的、有創造性的遊戲並不會讓孩子變得暴力，不管他們玩的是哪種攻擊性遊戲。

當人們談論攻擊性時，通常談的是男孩，但女孩也必須處理生命中的這個面向。有個朋友寄了封電子郵件給我：「蘿莉現在對攻擊性很有興趣，我想知道如何以健康的方法幫助她。她談到她和托兒所的朋友莉麗『互相推擠』。她喜歡怪物的書。她最喜歡的想像遊戲之一，是玩壞脾氣的比利山羊——把怪物踢下橋去。如果我們談到海洋裡的魚和動物，她想知道牠們會不會咬人。我並不是覺得困擾，而是想請你建議遊戲或遊戲的形式，讓她探索自己的力量。」

我給他的建議是不要表現出任何的不安。她的好奇十分健康自然。像大多數的學齡前兒童，蘿莉正在探索新事物——她的身體能做什麼（推擠而使人跌倒），控制自己攻擊性的新方法，別人到底能控制他們的攻擊性到什麼程度。

什麼樣的遊戲可以處理這個議題呢？這個年紀的經典遊戲像是老師說和紅綠燈，這些遊戲和攻擊性沒有關係，但是和控制衝動有關。另一個想法是讓她咬毯子或娃娃。父母說：「好的，咬用力一點，咬輕一點，咬快一點，咬久一點。」快速地轉換可以有趣地教導自我控制，等一下會再談到。還有就是角色互換，蘿莉的爸媽可以扮演那個想知道怎麼控制攻擊性的角色。我編了個遊戲叫做狐狸街上的狐狸鬥魚，咬人的鬥魚用一種笨拙、可笑的方式追逐蘿莉，可是從沒有成功。用手掌假裝是魚的嘴巴，因為咬不到蘿莉而格格地咬沙發、吐出碎片來替代。狐狸鬥魚可以說：「我就是要咬一些東西再說。看，一隻蟲。哎喲！這是我的腳趾。」你不必完全模仿她的行為，但是要能夠帶出她的笑聲。

體能遊戲的好處

不是所有的體能遊戲都像角力或打鬥。有一些就是攀爬、搖擺或是跑來跑去。所有的孩子都需要這類遊戲，但大部分孩子沒有獲得足夠的體能遊戲。孩子在學校裡大部分的時間都坐著，而電視造成的最大問題是讓孩子繼續坐著。電視可以是簡單的休息站，孩子可以再回到更有趣的、具創造力的遊戲中。我的朋友查理告訴我他的兒子戴維很喜歡運動。他運動累了會到電視前看一下運動節目，然後幾分鐘後又迫不急待地回到遊戲中，並加入一些他剛才看到的點子或是旁白。這類運用電視的方式並不常見，電視消耗了孩子的精力、熱情和創造力，讓孩子半清醒地坐在沙發上。

很多父母對體能遊戲的困惑在於如何平衡安全性和冒險性。我們經常過於憂慮或是不夠憂慮。我是過於憂慮的那個。當艾瑪還小的時候，她爬到遊戲平台的上方時，她媽媽會讓她盡可能爬高，表情則是自信的微笑，相信艾瑪的判斷能力。我曾經認為這很危險，但她才是對的。她沒有跌斷骨頭。做為一個治療師，我知道就算她跌斷骨頭，癒合的速度也比膽怯和恐懼快多了。艾瑪現在自信且活躍，她爬樹時我也不再畏懼。波蘭著名的醫生柯爾恰刻（Janusz Korczak）寫道，給孩子一堆沙、樹枝、槌子、釘子和木頭，好過遊戲器材和店售玩具，即使這些比較有受傷的危險。

嬰兒被輕輕丟到空中或是孩子參與有規則的運動，這些體能遊戲對孩子的發展十分重要，他們用身體來學習。大人多半寧願坐著思考討論，忽略了透過遊戲以身體解決教養問題，比坐著談論有效多了。這裡我舉一些體能遊戲的益處：

1 自我慰藉

即使在獨處時也能安慰及幫助自己冷靜的能力，是嬰兒時期主要的成就，雖然很多人在長大後仍有這方面的問題。自我慰藉的學習是先得到關愛的安慰，透過它慢慢把這種感覺放在心裡，終能自我撫慰。並不像一般所相信的那樣，把孩子放著自己痛哭，或是被罰隔離而習得的。

當孩子無法冷靜下來或是從生氣中復原，他們需要的是許多的擁抱。但可以想見，如果孩子無法安頓下來，他們也得不到擁抱。男孩尤其如此。角力能幫上忙，因為活躍的孩子可以獲得活動式的擁抱，不必非得靜靜坐著才能得到擁抱。

當孩子無法冷靜下來時，父母會更不願意跟他們角力，害怕這會使他們更無法靜下來。但這正是孩子所需要的。如果不能加速，你就不能學習如何減速。沒有角力的孩子找到機會就撒野。開始和他們角力，父母和孩子都會學到如何放鬆下來。

我教孩子如何深呼吸來放鬆。深呼吸有不同面貌。我教的是用鼻子吸氣，然後慢慢吐出。讓吐氣的時間比吸氣多兩倍的時間，下次可以更深地吸氣。三、四次的差別就很大了。留意別讓孩子做快速過度的換氣。和孩子一起做，兩個人都可以放鬆。

扮家家酒也可以幫助無法自我慰藉的孩子。孩子假裝在娃娃生氣時擁抱它或是哄它睡覺。大人也可以假裝那個煩躁的嬰兒，或是示範安慰和教養的行為。男孩大多沒有這種遊戲的經驗，難怪他們只能從運轉到沒電為止，不能夠做逐漸暗淡的調光器。

2 專注力

父母與老師在孩子無法專注時會覺得絕望，甚或直接衝到藥櫃拿藥。葛林斯班（Stanley

Greenspan）提供了很棒的另類途徑。他建議每天安排幾個時段玩一種遊戲，叫做自我調節。基本作法是讓孩子跳、跑、搖、舞，做跳躍運動，或是投入任何重複性的律動。然後你再指定頻率，快速地轉換：「快一點、慢一點、慢一點、快一點、超級快……右邊、左邊、右邊、左邊……用左腳跳、現在換右腳、兩隻腳。」許多孩子覺得這是個好玩的遊戲，在團體中也可以玩。情緒失調是現在很多孩子的問題，特別是男孩，而這個遊戲也是修補孩子情緒失調最好的遊戲之一。它有多種變化。給孩子一堆積木然後很快地說：「依形狀分，依顏色分，現在用你的左手。」如果他們愛唱歌，說：「唱大聲一點，現在輕一點。」如果他們尖叫，要他們用最大聲的尖叫，然後小聲一些，再小聲一次，然後悄悄的。

自我慰藉和專注力緊密相關。例如，喬德在四年級班上的問題是他坐不住。他可能會被診斷為注意力缺失過動症，但或許他的問題在於焦慮或挫折時無法安撫自己。他錯過了嬰兒時期這個重要的發展，幾年之後問題開始出現。因為無法降低焦慮，喬德坐立不安地踢旁邊的同學，從而惹上麻煩。他需要的是建立連結的遊戲。

3 動作計畫及先後順序

有些孩子會有這方面的困難，他們無法在上學前把該準備的事組織好，不能記得作業的進度，或者將一個計畫執行完畢。運用體能遊戲來改善這個問題，你可以製造一個障礙路線，從簡單的開始然後在孩子征服後逐漸提高困難度。為年長的孩子安排尋寶遊戲，從一些線索通到其他線索。同樣地，有些女孩比較常玩的遊戲像複雜的拍手歌和跳繩，都能協助發展這些技巧。

4 衝動控制

孩子從遊戲中學習控制衝動。我們可能試過用教訓、處罰和朋友般的談話教導孩子控制衝動，但這些不太可能有效。心理學家波焦娃（Elena Bodrova）和萊翁（Deborah Leong）描述一個五歲的男孩在晨圈時間內一直打斷老師、無法乖乖地在圓圈內。但是當這個男孩和其他孩子**玩學校遊戲**時，他卻是個零問題的學生。一段時間後他可以將遊戲中的控制能力帶入教室內。

因此，以遊戲的方式玩出這些孩子易衝動的情境。你只需要說：「我們來玩學校遊戲。」「我們來玩換衣服準備上學的遊戲。」「讓我們玩你很想要這個玩具，但是我不想跟你分享的遊戲。」「我們來玩過馬路——啊，小兔子差點被車撞到。」拿一個生活中孩子遇到困難的事，把它稱做遊戲，讓孩子以不會受到處罰或羞辱的方法，練習獲得對衝動的控制力。

第7章

角色逆轉的遊戲世界

「我們來假裝你是爸爸，我是女兒，然後你在生我的氣。」

——五歲女孩對她生氣的爸爸說

在遊戲中，現實的一般規定被暫時中止，這是遊戲力量的來源。一個小男孩可以想像自己是超級英雄；女孩可以在角力中把爸爸推到墊子上，把他的肩膀壓倒在地。孩子可以玩學校遊戲，得以發作業、給分數和處罰。遊戲的基礎變得平等，或者偏向孩子一點，來彌補因為比較弱小產生的挫折。

即使沒有人把他們趕這趕那，或佔他們的便宜，孩子仍然有時會感到無力。他們無法一直維持有力量的感覺，畢竟是誰要接受預防注射？誰訂家規？誰得遵守規定？誰必須有上床的時間？誰一定得說請、謝謝？孩子一定得打預防針、學數學和準時睡覺，但是他們也需要很多轉換角色、暫停現實的遊戲時間，讓他們擁有主導權。他們需要擔負起更有力量的角色——英雄、公主或是完美的學生。

孩子處理這些不公平和不愉快，比較常見是以遊戲發展出新的腳本，創造改良後的現實。在這個新的現實中角色經常是顛倒的。他們扮演醫生、老師、父母、暴龍、金剛戰士。青春前期的孩子會扮演青少年，青少年會扮演成人的角色。

逆轉角色

足球玩到一半，七歲的丹尼要上廁所。他說：「不要碰球。」然後他把球放回盒子裡。我說我不會碰。他想了一分鐘，然後說：「我不相信你，跟我一起去。」這是一個我在遊戲中未曾遇過的主題，卻完全合理。丹尼在學校裡常會出神、惹上麻煩，所以他正在重演有人不值得信賴的主題，他是那個執行規定的人，而我是那個不被信任的人。

角色逆轉對恢復孩子的自信特別有幫助，他們得以從無力感的高塔逃脫，克服恐懼和壓抑。孩子在扮演這些角色時，需要父母擔任舞臺監督或是製作人，給他們遊戲的空間、玩具和點心。有時我們要做有回應的觀眾。他們開始投入幻想遊戲時，可能也會需要我們擔任演員或導演。一般人較常聽到的教養哲學主張要讓小孩盡量獨處。如果現在的媒體和文化不是這麼地無孔不入，讓孩子獨自玩耍也不會是個問題。良性的忽略無法增進力量，只是讓他們放棄想像力和創造力。孩子需要活潑的協助來書寫及上演他們自己的故事，而不用受媒體限制。

從悲劇到喜劇

喜劇用顛倒事物製造幽默的效果。在悲劇裡，事物從一開始就是顛倒的，隨著劇情發展再把事物調整回來。兩者都可應用在孩子的遊戲及他們所扮演的角色之中。孩子在遊戲中大笑的原因通常是因為現實被擱置一旁，而角色被逆轉過來。他們從煩惱、恐懼，特別是生活中的無力感解放出來。他們笑了，而世界再度恢復正常。

遊戲式教養促進這個自然的歷程，這次是父母的力量較為弱小，而不是孩子。無法信任我的丹尼在學校的問題是不守規矩和不聽話。在我們的遊戲治療時間，他常喜歡扮演違規和惹麻煩的孩子，要我扮演權威角色來追他處罰他。

這個遊戲無法帶來笑聲。他在扮演時十分易怒，什麼事都不對勁。我用笨拙滑稽的方式扮演權威，但毫無進展。有一天我決定建議逆轉角色。一開始我問他學校有人惹麻煩時怎麼辦。他說他們要被罰暫停活動。我問，如果做了很壞的事呢？他回答會被送到校長室。

「校長會怎麼做？」

「她會跟你**談話**。」

丹尼靠近我說悄悄話：「你知道校長叫什麼？她叫嚴莉。」

「真的嗎？真是個做校長的好名字。」

「開玩笑的，她叫亞金斯。」

「那我來當那個被送到校長室的小孩，你來當校長。」我想辦法要安排角色逆轉。

「那我要叫嚴立**先生**。」

「沒問題。」我換上小孩的聲音：「對不起，嚴校長，我的老師叫我過來，我不知道為什麼；可能因為我把教室裡所有的東西都打翻了，老師和所有的桌子還有魚缸。」

「還有同學嗎？」

「嗯，還有同學，他們不讓我拿走所有的藍色蠟筆，所以我就翻桌了。我的處罰是什麼？」

「如果你再做一次，你就**永遠**都不能上學了。」丹尼接受了逆轉的角色並且加以發揮。

「哦，不要，那好可怕。」

「而且你得要**用自己的**錢來把所有的東西修好。現在你回去教室修東西。」在角色逆轉後，丹尼咯咯地笑個不停，一直要寶。

就算孩子學習的進展順利，他們仍會覺得自己不夠聰明，特別當別人能做一些他還做不到的事時。角色逆轉也會有幫助。我女兒第一次接觸越野滑雪時，她痛苦地抱怨發牢騷。我開始說服她放鬆一點，她就可以享受過程的樂趣。結果當然沒用。就初學者而言她做得還不錯，但是從她的角度她覺得自己一直滑倒，而我沒有。我花了很多時間才弄懂。於是我讓自己出洋相，四腳朝天地滑倒、雪杖飛到半空中、控制不了方向、抱怨雪跑到衣服裡面。她笑個不停，接著回到她的滑雪練習中，享受其中的樂趣，還問我明天可不可以再來滑雪。我以角色逆轉扮演較不擅長的滑雪者，如此遊戲式的回應幫助她打斷了無法勝任的感受。

角色逆轉通常指的是孩子的位置往上一階，但並不盡然如此。有時家中的兄姊需要非常不同的方法。他們習慣當老大，他們可能需要角色逆轉使他們往下一階。但用**嬉戲**的方式！一般父母會試圖翻轉兄姊的角色，但為的是讓他們知道誰才是家裡的老大，這只會造成更多兄弟姊妹的衝突。當兄姊或是較強較長的孩子在找其他小孩的麻煩時，我通常用假裝威脅的聲音會對他們說：「嗨，要欺負人的話就去找跟你實力相當的。」我伸展雙拳，笨拙地擺出拳擊手的架勢，等著他們來追我，忘記他們在欺負的對象。當然我從來沒有打過他們！我比較常跑開躲在枕頭下面，或讓他們把我翻過來，或做些其他的事讓笑聲持續下去。有時我和他們用力地角力，他們花的力氣會更值得，不然被欺負的小孩只能用哭訴、告狀或尖叫來打平而已。在大孩子的攻擊性背後其實是無力感，所以我會再度讓角色翻轉，讓他們成為比我有力的角色（在遊戲中），而不是利用弟妹證明自己的力量（在現實中）。讓他們清楚知道你只是在玩，不會痛毆他們，即使他們才剛打過弟妹而已。用一種溫柔和嬉戲的方式讓他們知道自己不是主宰世界的首領，他們不用傷害別人就可以很有力量。

用說故事來治療恐懼

驚嚇的孩子需要從恐懼中復原。方法之一是述說發生在他們身上的故事，用說的或是用玩的。通常他們會重複演出同一個情節，和他們經驗很接近的或是鬆散地基於自己經驗所編出的情節。不幸的是，孩子有時忘記事件的細節，或者拒絕談論它們，因為太痛苦了。他們可能需要大人溫柔地提醒他們所害怕的事件，才能完成療癒，將它放到一旁。大人和小孩一樣都想把可怕的事遺忘。但將它覆蓋並不等於面對或放下。布魯克斯和席格爾表示：「要孩子陳述故事的重要性在於讓他釋放與事件或經驗連結的感覺。沒有這個出口的話，在孩子的心裡所殘留這些感覺會在未來困擾他。」

說故事也可以用嬉戲的方式連接孩子生活中重要的議題。如果故事是稍微變裝後的現實，它的作用可以發揮得最好，意思是故事與現實事件及感受之間有緊密的關連，但又不盡相同，才能讓孩子感覺安全。說故事可以引入孩子避免直接談論或遊戲的主題。我朋友的兒子在第一間托兒所的經驗不太愉快，即使他是個富有想像力的孩子，回家後絕口不提學校的事，也不玩任何的學校遊戲。他換到另一間他喜歡的托兒所後，似乎仍無法處理在舊學校的不愉快經驗。

母親覺得他只是把感覺埋起來而已，但又不能強迫他玩他不想玩的遊戲，於是她編了一個故事。故事裡的小老鼠在暴風雨的海上困在一艘有破洞的船上，但後來被另一艘堅固的船救起，船上的人給牠很多的溫暖和幫助。母親並沒有提到破船代表了他的第一所學校，但是在某種層次上他找到關連了。他要她講了十幾次這個故事，稍後則自己把這個故事演出來，加入許多的細節。母親可以看出有些細節可能是在前一所學校發生的事。在這之後，他在新學校裡表現得更有熱情，也有更多嘗試新事物的信心。他是否知道這個故事和學校之間的關係?其實並不重要了。

遊戲式教養的基本想法是找到合適的距離，我認為這是孩子們這麼喜歡故事的原因。在體能遊戲裡，像在公園中跟孩子追逐，找到合適的距離意味著要靠得多近或多遠。我陪一個害羞的四歲女孩玩耍時，距離就變得很重要了。她很喜歡跟我玩，但是我要離她一公尺遠，再近的話會她就會躲在媽媽的裙子後面。我們玩的是特別版本的紅綠燈，我不能進入她的安全距離內。雖然我們不能靠得很近，但我們玩的遊戲都和連結有關。她咧嘴笑得好開心。

故事的**象徵性距離**很重要。直接談論一些困擾的問題或許太過困難，但是分享同一主題的虛擬版本則是孩子可以應付的。稍加練習之後，你就可以針對主題及感受編出故事，提供適當的距離。當然有些故事就是故事，不必非得和孩子的生活有關才行。

好的故事揉合了真實和虛擬，把對孩子重要的議題以超級英雄和幻想角色包裝。例如家中剛添了一個小寶寶，三歲的孩子並不想聽到更多的教誨：「要溫柔喔……我知道你有的時候會嫉妒。」……一堆廢話。但她可能會想要媽媽讀一本圖畫書給她聽，故事裡的兔子有了弟妹，然後一讀再讀。另一方面，許多孩子喜歡聽真實故事，特別是有關他們的出生或是領養的故事。

孩子長大之後，我們可以從講故事給他們聽，變成聆聽他們說故事。和十到十二歲左右的孩子在一起時，我喜歡讓他們講生命故事給我聽。壓抑住你想加入自己觀點和細節的欲望，除非他們要求。如果故事很簡略，邀請他們再講一次，這次加入更多的細節。在時間許可之下你可以提問或詢問細節。對小一點的孩子，你可以先講一次給他們聽，再邀請他們補充他們記得的情節或是想像。

一起講故事則可以確保故事的適當距離，不會太遙遠或是太痛苦。共同講故事的做法是，你不時詢問孩子故事接下來應該怎樣。或者有時孩子會堅持要加入某個想法。我的同事山姆告訴我，有個男孩和他一起講故事時，最喜歡為英雄創造出恐怖的危險，山姆則要想出拯救他的方法。男孩象徵性地找到合適的距離來談論他的恐懼和擔心；山姆則象徵性地談論安全和防禦。

孩子在遊戲中很會運用象徵性的距離，特別在戲劇遊戲中他們編造角色、演出劇情。很重要的是讓他們決定要保持多少情感距離，因為這代表了他們能夠承受多少。

在需要時擔任演員及導演

當孩子處理無力感時，他們時常主動投入角色逆轉的遊戲之中。他們可能只要我們當個熱切的觀眾。但有時這類遊戲並沒有辦法自然地發展，就需要有成人的想法或計畫，這時我們的角色是編劇或是導演。大多數的孩子沒有辦法自己利用假裝的遊戲處理他們的恐懼，反而會避免自己所恐懼的主題。恐懼的感受使人躲避特定的事物，孩子如果害怕蜜蜂或水就會不願意外出或是游泳。孩子也會在遊戲中迴避他們害怕的事，如此一來就無法運用遊戲療癒了。不幸的是，我們得用面對來克服恐懼，而不是避免。大人可以開始一個有趣的遊戲來處理這個問題。

所以如果孩子害怕蜜蜂，你可以說：「你是一隻蜜蜂，我要試著逃走。」讓你自己被蜜蜂「叮」。或是你是蜜蜂，孩子要逃走，但是你做一隻笨手笨腳的蜜蜂，你最後叮了自己而不是孩子。或者你一直撞牆或是掉到地上。讓孩子能對害怕的事物發笑。

我跟一個害怕昆蟲的男孩做遊戲治療。他總是要我去撿掉入灌木叢裡的球或飛盤。我假裝因為太害怕昆蟲而不敢張開眼睛去撿球。我要他指揮我，因為我緊閉著雙眼、什麼也看不到。我跌跌撞撞，而他邊笑邊告訴我怎麼走，慢慢地建立了信心。如果我就是去幫他撿球，他可以避免接觸昆蟲，但這樣對他的恐懼一點幫助也沒有。如果我太把他的恐懼當一回事，他可能會覺得丟臉。找到合適的象徵性距離並不容易，每天可能都會不太一樣。有一天我又假裝害怕昆蟲，但他轉身就離開。我像笨蛋一樣站在灌木叢裡一分鐘，然後決定假裝害怕**有刺植物**，而不是昆蟲，他又回來指揮我怎麼撿球。

我見過父母讓孩子不用面對恐懼、限制孩子的活動來保護他們。有一些忽略孩子的恐懼，強迫孩子游泳或把頭埋進水裡。遊戲式教養是中間的方式，是有別於前兩者的選擇。

三歲的費南害怕的是鞦韆。他不願坐上去。只有一次他最喜歡的朋友尼德盪鞦韆時他曾經坐上去過。他本來玩得很開心，但突然跌下來，更加深了他對鞦韆的恐懼。他的父親請我給他一些建議。

我建議他的父親用角色逆轉的方法。但是扮演笨拙地玩鞦韆會比扮演害怕來得好。你可以說：「我是世界上最棒的鞦韆家，沒有鞦韆難得倒我。」然後你連鞦韆和溜滑梯都分不清楚。或者你連坐都坐不上去。不過就如之前提過的原則，要注意孩子是否有被嘲笑的感覺。如果是的話要立刻道歉，再試別的說法。

很不幸地，我的建議派不上用場，因為孩子根本不願意去公園。接下來我建議費南的爸爸宣佈他們將有一個特別的遊戲時間來面對鞦韆。費南可能會說：「我不要去。我不喜歡鞦韆。」父親可以回答：「沒關係，我們今天可能根本不會坐上去，我們只是要去**克服對鞦韆的害怕**。」如果你不說出鞦韆兩個字，費南的表情都像沒事一樣，好像問題已經得到解決。或許害怕鞦韆沒什麼大不了的，但是誰想要生活充滿這類的限制呢？另一方面如果你說：「你今天一定要坐上鞦韆，不然你永遠都不准去公園。」你可能會打贏這場戰役，但是輸掉整個戰爭。大多數孩子，特別是男孩，最後變成魯莽或鋌而走險的人，把自己的恐懼埋藏起來，必須不斷地證明自己一點都不害怕，然後做出更多愚蠢的事。

折衷的方法是，隨意地提起你想幫助他克服對鞦韆的恐懼。你已經進到導演和舞臺監督的角色，不能再無視於他對鞦韆的迴避。在適當的距離以內，有個無形的界限剛好代表了迴避恐懼和被恐懼所淹沒——可能就在家門口，也可能離鞦韆二十公尺或在鞦韆旁邊。這個邊緣地帶就是遊戲式教養要用來療傷的地點，即使對同一個孩子來說每次可能都不一樣。在這個邊緣地帶，當你用輕鬆愉快的聲調說：「我們去坐在鞦韆上吧！」孩子的回應會是發抖、尖叫或緊張地大笑。他們會大哭起來，或冒出冷汗。這表示你在邊緣地帶。很好！不要慌張。聆聽這些感受，但不要再強迫他前進或放棄。孩子需要知道你不會騙他或在他準備好之前要他坐上鞦韆。保持放鬆的聲音說：「我們去坐在鞦韆上吧！」「我們再往前一步。」或「我們去摸摸看好不好？」要有心理準備，你可能會花上幾分鐘或幾小時，可能一次或分好幾次完成。你非常緩慢地朝著目標移動，帶著許多的鼓勵。以費南為例，他花了兩次的時間，現在他可是鞦韆之王。這個技巧並不全然是角色逆轉，但是它包括在不同的角色中平衡——被恐懼所癱瘓的男孩、不想去公園的男孩，和真的希望能盪鞦韆的男孩。

對恐懼的經驗來說，有時結果卻大不相同。孩子沒有迴避或用遊戲面對，卻反而強迫性地尋求類似經驗。他們可能會**試著**用遊戲來處理恐懼經驗，但是找不到一個有用的方法。然後，他們就只是讓自己再重新經歷一次受驚嚇的過程。恐怖電影和過度暴力的電視節目常會導致這種結果。孩子們會想要重複看這種節目，不是因為他們喜歡，而是因為他們被卡在恐懼的循環中。他們想克服恐懼，卻開始把在螢幕上看到的表現出來。

要克服這類的恐懼，有些孩子可能只需要多看幾次這種節目，直到越來越不害怕為止。這叫做敏感遞減法（desensitization）。或者他們可能需要坐在你的膝蓋上收看，這樣就可以安全地面對恐懼。如果你正在和孩子一起看這類的影片，可以做「中場尖叫時間」。暫停影片，假裝尖叫一下，通常孩子會開始發笑，這樣讓一些感受釋放出來，好比快鍋的出氣口。

偶爾孩子會把他們看到的演出來，或一看再看，但每一次他們都是同樣地驚嚇，而不是變得比較不怕。如果是這樣，成人就必須做角色逆轉，扮演那個笨拙無用、不太可怕的怪物。笑聲可以幫助孩子走出攻擊性或是恐怖導向的遊戲狀態。

幻想遊戲

本章開始我引述了在我生氣時我女兒對我說的話：「我們來假裝你是爸爸，我是女兒，然後你在生我的氣。」這並不完全是角色逆轉，但它很有趣，因為她派給我的角色是和現實中的角色**完全一樣**的。很有趣的原因，在於它鬆解了我們之間的緊張氣氛，把現實的情況變成幻想遊戲。這個技巧比角色逆轉簡單，但一樣有效。孩子如果和朋友有不愉快，試著說：「來假裝我們是朋友吧。」讓他們決定要把你當做好朋友或是壞朋友。幻想遊戲可能很接近現實，或只有些微關連。有一個小男孩每次我說「來玩幼兒園的遊戲」時，他都不願意，所以我就發明了一個柯恩的荒唐傻瓜學校。他很愛玩這個遊戲，我們編出各式各樣可笑的規則、處罰和困難的挑戰，和他在學校所遇到的困難保持著戲劇性（而幽默性）的關連。

另一種看法是，孩子也可藉由**控制遊戲**的能力理解自身力量，就像他們在角色逆轉中獲得的一樣。例如，我做遊戲治療的一位八歲女孩是獨生女。她正焦慮地等待她表妹的出生。我預料一些姊妹間的競爭會出現。果然，她創造了一個遊戲，我是爸爸，她是姊姊，還有一對雙胞胎妹妹。她要我只注意到雙胞胎而不是她。她假裝發脾氣。我以為她要我在遊戲中安慰她，但她要我忽略她。她比我更清楚她需要的是以遊戲的方式扮演那個被忽略的姊姊。我們玩了好幾個星期，幫助她面對競爭和嫉妒的感受。她沒有逆轉角色去扮演那個受寵愛的嬰兒，但她以更基本的角色逆轉來處理，與其擔任那個嫉妒的受害者，不如用遊戲來掌控這個感覺。她不能控制大人要給新生嬰兒多少的注意力，但她**可以**控制她的遊戲。

另一個孩子常在遊戲中處理的痛苦是不被喜歡的感受。不幸的是大人會誤解孩子在做的角色逆轉。例如孩子會說：「我討厭你。」或是「你好笨。」父母覺得生氣。但即便孩子真正的意思是：「沒有人喜歡我。」他們就是無法直接告訴你。我們得讀出他們想傳達的真正意思。所以與其對他們吼叫、教訓他們不可以這樣對爸媽說話，我們可以說：「嗚嗚，你叫我笨蛋。沒有人喜歡我。」或「你可以叫我笨蛋，但不可以叫我酥炸小牛排。」

有一個女孩跟我開一個玩笑，她叫我坐到沙發上，然後把我擠下沙發不讓我坐。她說：「沙發不喜歡你。」女孩在學校因為覺得沒人喜歡她，她會打人而惹了不少麻煩。我開始打沙發、大聲吼叫，她則不停地笑。我打了沙發幾次，它仍然不喜歡我，我則假裝震驚不已。

精神病學家葛林斯班寫道：「進入假裝遊戲是你孩子最重要的發展躍進之一。」幻想的遊戲需要象徵性的思考、抽象能力和創造性的想像力。有些孩子很快便能投入幻想遊戲中，有些則需要大人的一點幫忙。拿起一隻絨毛動物，用好玩的聲音說話。把一個攀爬平台稱做聖母峰。用這樣來開場，「我們來假裝……」。一旦幻想遊戲開始，以熱情投入你的角色，協助豐富情節。提出衝突或挑戰。為遊戲旁白。如果孩子似乎無法投入幻想遊戲中，試著在他們喜歡的遊戲中加入一點幻想元素。例如，我和肯恩每一次玩都在下棋，他幾乎沒有玩過任何幻想遊戲。因此有時在下棋時我會說：「我是天生棋王費雪（Bobby Fischer），你是大師卡斯帕羅夫（Gary Kasparov）。」這樣讓我可以透過扮演的角色誇大緊張和焦慮的感覺，這些都是肯恩試圖用否定的方式來控制的感覺。

當一個孩子費力要弄懂某種情緒或是一個令人混淆的概念，可以把它丟給一個幻想角色。對一個總要求公平的孩子，父母可以拿起他第二喜歡的玩具或是動物，讓它說：「不公平！你都一直跟小老虎玩！」你可以發展及實驗不同角色：頑皮的、難過的、攻擊性強的或是不能解決某一種問題的。「你在學校的時候其他的動物都嘲笑我，我不知道該怎麼辦。」「我好害怕黑暗。」如果孩子對這個玩偶或娃娃很壞，你不用太驚訝；這是他表達自己感受的方法。他可能也會讓你知道他需要的協助是什麼。這個技巧對父母及孩子都會有幫助。

在許多幻想角色中，孩子很喜歡扮演好人和壞人，過去是警察和強盜，現在則有可能會出現電視電影中的超級英雄和角色。父母要記得這類遊戲並不像表面上那麼地具有破壞性或是可怕。有些孩子喜歡扮演壞人，試驗什麼是可怕和危險，並學習控制自己攻擊的感受和衝動。有些喜歡扮演好人，他們喜歡用社會能接受的方法表達攻擊性，像蝙蝠俠或是軍人。他們用別人可以接受的方式練習衝動。

有的父母並不排斥這類超級英雄的遊戲，他們瞭解可以用好玩的方式來參與。另外一些父母則厭惡這類遊戲，很想禁止它們。但孩子想玩這些遊戲是因為他們需要。禁止只會讓孩子偷偷地玩。加入他們的遊戲和他們一起玩，如此一來，在遊戲失控或是太過暴力時，你可以變換一下遊戲。

尋找原創的劇本

是誰創作那些廣告裡孩子的劇本？那些互相嘲笑、玩口袋怪物或金剛戰士、約會或是逃學去抽菸的？不是孩子，也不是我們。這些劇本年復一年在上演，由電視和電影強化。這些寫好的劇本扼殺了想像力和創造力。對比之下，好的幻想遊戲是自發自由的。它跟隨著不斷演化和改變的想像力，由孩子和一群孩子「寫」出來。劇本可能一開始會從電影或電視節目獲得靈感，但很快地探索出新的想像空間。

但放眼望去在大部分的遊戲中，孩子會演出別人的劇本而不是自己的。螢幕所見到的重複性和密集性主宰了他們的想像力。如果把他們的注意力從電視移到遊戲中，他們的遊戲一成不變地遵循著電視的內容，或蒸發成無聊或是暴力的遊戲。這種暴力不是嬉戲式地運用幻想，而是真正的攻擊性、魯莽和危險。從電影、電視及電動衍生的玩具把遊戲侷限於原來的劇本中。除了射人之外，槍還能做什麼？但如果是紙筒，它可以變成光劍、佩劍、樹、喇叭及許多其他東西。少數孩子仍可以用最無趣的玩具玩出有趣的遊戲，但常需要大人協助解放這些固定的角色、情節和結局。雖然孩子喜歡重複性，他們也需要在遊戲裡做一些更動。大多數的玩具是垃圾，因為它們只能有一個功能，一再重複。但好的玩具，像是好的戲劇遊戲，能使孩子擁有這個世界，表現出完全的創造力。

另一方面，大部分的遊戲專家同意，你無法完全禁止和電視有關的遊戲，特別是戰爭和武器。他們**需要**玩這類遊戲來弄清楚那些影像和故事所代表的意思。和孩子一起玩，我們就能幫助他們發現自己的故事、角色和想像遊戲的泉源。

讓孩子自己野性地玩著暴力遊戲，我們等於把孩子交給媒體，而媒體運用持續的壓力迫使孩子帶著武器進入遊戲和想像中。你既不能禁止，又無法忽略，那你能做什麼呢？我想現在你已經知道我的答案了吧：和他們一起玩。假裝你被愛之槍射中（見第3章）。假裝你受傷了，讓孩子來幫你照料傷口。用能帶出笑聲的方式誇大受傷的程度。

就像槍枝限制了孩子的創造力，電視中過度的性及暴力影像也壓倒了孩子的想像力。大量製作及過度刺激的仿製節目代替了孩子心靈的創造力。我通常可以從孩子的遊戲中看出他們平常看多少的電視，或是可以看哪一類的節目。混合了性和暴力的節目，像是亂砍亂殺的、職業摔角的節目是其中最糟的。

許多事先包裝好的玩具連孩子該怎麼玩都設計好了，遵守的人得到獎勵，偏離的人則受到懲罰。事實上我們整個文化把孩子和大人的行為都寫得一清二楚。男孩應該有某個樣子，女孩則應該有另外一種樣子。青春期的孩子被暗示要如何叛逆，特別是該買哪一些叛逆的產品。孩子則被規劃好可以邊看電視邊說，「我要買那個。」這些都需要我們的幫忙。

要對抗這些預設好的角色，父母可以做的一件事，是檢驗這些影像。和孩子一起看電影和電視，停下來討論你們看到了什麼。以你們所看到的為基礎來遊戲，但做一些扭轉。扮演一個為了金剛戰士而如痴如狂的快樂傻瓜，或是模仿那些在重金屬音樂錄影帶中的舞者。

藉由幾億元的行銷，企業集團為我們的孩子創造一個主要的劇本，為孩子準備好唯一的一個角色：消費者。當這個角色分派給孩子時，他們只能消極地照著做，他們只是把自己鎖進無力感的高塔。離開高塔的一個好方法，是去瞭解電視如何影響人類。很多年前我女兒在兒童博物館看了一部影片，探討針對孩子的電視廣告中的真實與騙局。從此之後她對廣告中宣稱的事情就十分地謹慎小心。這是另一種的角色逆轉，讓孩子擁有掌握權，能解讀媒體訊息，而不是做一個被動的消費者。

你認識那些根據孩子來調整頻道的真正專家嗎？他們瞭解孩子的動機、關心的事物以及感受。他們就是和我同行，使我們同業蒙羞的兒童心理學家。這些人花了無以數計的時間注意孩子，試圖瞭解他們如何思考、如何感覺。但這些人是為迪士尼（Disney）、卡通頻道（

Cartoon Network）、尼克兒童國際頻道（Nickelodeon）、ＭＴＶ頻道、還有廣告公司和玩具公司工作的。他們的興趣在於獲利，為了獲利而密切注意兒童怎樣會笑、什麼令他們害怕，以及他們喜歡玩什麼。我們必須做得至少和他們一樣好。對我們而言，注意孩子、根據孩子的需要來調整頻道的利害關係，比單純想賺錢的動機高得太多。

這些企業密切注意我們的孩子，而我們的孩子密切注意電視和雜誌。對準我們孩子的媒體比我們有趣、有吸引力，所以孩子就把我們剔除在外。艾肯（David Elkind）在《蕭瑟的童顏》（*The Hurried Child*，中譯本和英出版）一書中談到這種媒體控制的消費主義深深地影響了我們的孩子。有些孩子如果沒有給他們店售玩具，他們已經不太會遊戲了。同時學校裡有越來越少的遊戲時間，連幼兒園都有越來越多的學習內容，預備讓他們成為有效的學習者。

現在有更多的廣告是針對廣告商，而不是消費者。像ＭＴＶ頻道的平面廣告用的是青少年新的俚語或火星文。他們要傳達的訊息是：你不需要弄懂今天的兒童，我們懂就好了。只要把錢給他們，他們就會讓電視觀眾變成你的消費者。父母在這個時代不僅要為了代溝而困擾，現在還多了廣告商品讓我們覺得自己永遠不會瞭解年輕人在想什麼。

把插頭拔掉，來遊戲吧。

第8章

勇敢女孩，貼心男孩

三歲男孩對他的父親說：

「爸爸，你是男生。媽媽是女生。猴子喬治是好奇。」

親職工作一直以來都被描述成是賦予孩子根基和翅膀的歷程。在遊戲式教養的用詞中，加滿孩子的杯子是一個象徵，隱喻為植物澆水讓根可以紮深，或是餵養小鳥讓牠的翅膀可以翱翔。每個孩子都需要有加滿的杯子；每個孩子都需要根和翅膀。不幸的是，男孩和女孩被以不同的方式來對待，損壞了他們的根與翅膀。遊戲式教養的目標是改正一些這種錯誤。因為女孩的自由探索易受抑制，她們需要幫忙才能伸展翅膀，探索這個廣闊的世界，發現她們的力量之屋。因為男孩常得孤伶伶地面對自己的感覺，而且喪失了許多擁抱和照顧帶來的舒適，他們需要額外的幫忙才能向下紮根。

之前在第3章提過愛之槍的遊戲能幫助男孩在人與人的層面連結，不必陷入一成不變的開槍和殺戮劇本當中。雖然我跟男孩、女孩都玩過愛之槍的不同版本，但我更常與男孩玩這個遊戲，因為男孩需要更多鼓勵來連結。基於同樣的理由，我雖然會在和男孩角力時鼓勵他們培養自信，但我會確保我對女孩的力量與自信付出更多的注意力。

我在研究所時印象最深刻的學習之一是一系列我稱為「桌面實驗」的研究，目的在瞭解人們依照性別來對待嬰兒的不同方式。每一個人所看到的嬰兒都是同一個，但一半的人被告知他是男嬰，一半被告知是女嬰。這樣一來研究者就可以知道他們回應的方式並不是因為男嬰與女嬰的微妙差異。其中一個研究讓只穿著尿布的嬰兒在大桌子上爬行，和受試對象在同一個房間裡。另一個實驗，受試者會聽到隔壁傳來事先錄好的嬰兒哭聲。研究者偷偷地觀察受試對象對嬰兒的反應，測量他們讓嬰兒探索的程度、當嬰兒「醒來」時多快去抱他，和他們互動的多寡。

當大人認為嬰兒是女孩時會較快去抱他，也會和他有比較多的互動。如果大人認為嬰兒是男生，會等比較久才去安撫，但會鼓勵男嬰做比較多的探索和運動。換句話說，只有女孩獲得支持的根基；只有男孩才被允許伸展翅膀。根本不受真正性別的影響。約翰及珊卓拉•康得利（John and Sandra Condry）讓成人看一個九個月的嬰兒對不同玩具的反應。大家看的是同一卷錄影帶，但有些被告知嬰兒是男生，有些則是女生。受試者評定嬰兒的情緒及等級。當嬰兒看到盒蓋打開後玩偶跳出的玩具時大哭了，被告知是男嬰的受試者認為那是**生氣**，被告知是是女嬰的受試者則認為那是**恐懼**。難怪在孩子長大時，男生會容易被處罰，而女孩會容易被過度保護。

這些研究說明了男女從出生開始就受到不同的對待。他們不僅是受到不同的對待而已，他們也受到了限制，無法發揮全部的潛能。女孩得到安慰，但不被鼓勵冒險或探索；她們需要遊戲式教養來培養力量和信心。男孩可以探索，被鼓勵勇敢，但卻在害怕、寂寞或難過時必須自處。事實上等到長大後，他們不只被放下自處而已，還會因為表達情緒而受到處罰。男孩需要的遊戲式教養則要特別注重連結和感受。

當我對成人團體演講時，我常會問他們，男孩子令你困擾、不知所措或是激怒你的地方在哪裡？我得到的回答都是：「他們不講話。」「他們很封閉。」「他們從不分享他們的感受。」解決之道很簡單：連結、連結、連結。用遊戲的方式。而女孩的也一樣簡單：培力。

邁拉及大衛・沙德勒（Myra and David Sadker）寫了一本影響深遠的書《平等的缺口》（*Failing at Fairness*），談到學校如何提供給女孩較少的資源。高一的老師在女孩去問問題時直接給她答案，而當男孩去問同一位老師時，老師則要他再想想答案是什麼。沙德勒認為學校欺騙了女孩，讓她們以為自己在數學上可以和男孩發展得一樣好。我同意，但我認為他們錯過了另一半的故事。女孩得到的是溫暖但無法展翅，男孩獲得高期待但是必須自己解決問題、缺少感情的支持。老師應該要說的是：「讓我們一起解決問題吧。」

持平而言，男孩和女孩遊戲的方式真的很不一樣。男孩偏向運動，女孩扮家家酒。我不斷聽到父母告訴我：你給女孩一輛消防車，她會把它包在毯子裡、哄它睡覺。給男孩任何東西，他就把它變成武器。就像任何性別差異，這些差異都是一般性的。男人一般來說比女人高，但我們都看過矮的男人和高的女人。有些男孩喜歡扮家家酒而不是比力氣。女孩也是。

男女孩不同的遊戲方式，有人認為這表示他們天生不同，有人堅持這是學習得來的。這些都對。多年的性別研究可以歸納成一句話：**天生的性別差異確實存在，但並不大**。教養、文化和教育可以縮小或放大這些天生的差異。而我們的社會則傾向於放大。

親密和自信應該是每一位兒童與生俱來的權利。但是女孩的力量受到輕視，她們被鼓勵要「乖巧」要「對別人好」，重視關係勝於成就。如果她們不符合期待，則會被冠上一些稱號，暗示她們不是正常的女性：惡女、男人婆、強勢、歹客（指同性戀者）。同樣的，男孩不被鼓勵親密，取而代之的是過度強調競爭性、魄力、成就和實力。只要看看男孩能與別人連結時被形容的字眼：和母親親近的叫做乳臭未乾，喜歡與女孩玩的叫娘娘腔，尊重伴侶的叫怕老婆、懼內、沒骨氣，想要擁抱或與其他男孩牽手的叫同性戀，喜歡上學的叫書呆子。

如果世界上沒有偏見和不同待遇，男孩女孩遊戲的方式會完全沒差別嗎？我不知道。我們只知道，在現今社會裡孩子的遊戲反映了他們周遭的性別角色。舉一個最常見的例子，男孩和女孩看到蟑螂的反應。很多女孩，即便女性主義已經出現了數十年，看到蟑螂仍然驚聲尖叫，演出無助、可憐、無能和恐慌的劇碼。而男孩呢，即便他們的父親是新時代會換尿布的敏感男人，也會把蟲子立刻打死、壓扁、碾碎，最好再加上毀滅性武器的聲效。兩者都非理性的回應。它們是性別刻板角色的放大。在此同時，害怕蟑螂的男孩和踩踏蟑螂的女孩可能會因為和別人不同而被嘲笑。

幾年前我和女兒還有她幼兒園的一個男孩玩。他們在玩有關騎士、公主和龍的幻想遊戲。即使我女兒比她的朋友強壯有自信，騎士還是得不斷地去解救公主。我記得我在心裡嘀咕：他們從哪學來這種東西的？我試著讓公主去拯救騎士但沒有用：孩子以遊戲來試驗大人角色（包括性別角色），才能理解男生或女生是什麼意思。某方面來說這些角色在過去幾年產生了劇烈的變化。但就另一方面而言，它們從石器時代以來幾乎沒什麼改變。

有件事我一直覺得不解，為什麼下午茶玩具組要包裝成粉紅色，盒子上還有女孩的照片。他們知道如何讓男生玩扮家家酒、讓女生玩機器人的，可是他們寧可不要。即使可能會有兩倍的銷售量也不構成動機嗎？當然，孩子玩不玩下午茶組不是什麼大不了的事吧。或者它是呢？有一個研究發現，女生小時候若是沈浸在刻板印象中比較屬於女孩子氣的遊戲，她們後來在學校中數學和科學的成就會低於其他的女生。我們也可以推測出玩具長期來說可能也同樣地限制了男生。

> 遊戲式教養的處方，是坐到地板上和孩子一起玩。不管玩什麼遊戲，我們可以特別努力來與男孩連結，培養女孩的力量，這樣所有的孩子都可以長出根與翅膀。

為什麼要玩芭比／格鬥戰士，即使我討厭它

我的女兒是兩個忠實女性主義者的後代，有一段時間卻非常喜歡玩芭比和迪士尼電影中的女英雄娃娃。謝天謝地，她快要大到脫離這個階段了。我很討厭跟她玩芭比，既無聊愚蠢，又違反我的核心價值。但有時當我的女兒要求時，我會跟她玩。孩子既然透過遊戲來理解世界，女孩當然也會非常需要弄清楚芭比所代表的這些領域：體型意識、服裝、化粧、愛美、浪漫情調等等。女孩接收的所有這類訊息既困惑又誤導人心、削弱了女孩的力量，她們需

要我們幫忙弄清楚。用同樣的方式我們可以協助男孩瞭解他們接收了哪種競爭及攻擊行為的訊息。這就是為什麼我建議不管父母多討厭男孩們攻擊性的遊戲，還是得加入他們。

很多作家感嘆我們的文化削弱女孩的力量，特別是當她們接近青春期時。這個時期的女孩對世界及自己的理解會經驗到一種分裂，特別是對自己的外表。這種對女孩外表不切實際和扭曲的期待，以及對美的觀點，把女孩囚禁在無力感的堡壘之中。如果外表很重要，而自己看起來就是不對勁，那麼情況就相當悲慘。《拯救奧菲莉亞》（*Reviving Ophelia*，中譯本平安出版）的作者派佛（Mary Pipher）談到，就在女孩翻閱時尚雜誌的幾分鐘內，她們的自尊便明顯滑落。如果你女兒也讀這類的雜誌，和她一起討論其中的問題。不要讓這些影像有機會發揮它們的誘惑力，讓孩子能從你這裡獲得一些想法，一些構築現實的基石。

要如何幫助你的女兒培養力量呢？你和她一起玩芭比，做一些變動。讓娃娃們有活力一些：跳舞、穿著奇特、說一些令人訝異的話。我喜歡讓一個娃娃扮演原來它刻板的性別角色，讓另一個較有力量的娃娃勇敢地站出來。「我是女性化的警察，你看起來不夠像女生！」「不用管我；我喜歡跑跑跳跳，你不能阻止我。」我也會引入非愛情、浪漫和婚姻的情節，因為這些都是女孩遊戲和電影中最常出現的主題。不知道你是否注意到，迪士尼卡通裡以男性為主角的，處理的議題都是自我追尋，像皮諾丘，而以女性為主角的最後都以羅曼史收場，像小美人魚、白雪公主和睡美人。

鼓勵女孩冒險、吵鬧、勇敢、鍛鍊體能和自我肯定。我們要對抗「強壯的女人不是合宜女性」的想法。這可能需要我們，特別是母親，仔細檢視自己的成長歷程和自己對角力和打鬥遊戲的禁忌。

同樣的道理來看待男孩的戰爭和戰士遊戲。我要克服自己的和平主義和溫和個性才能投入男孩的打殺與毀滅性戰爭遊戲中。我注入一些現實到遊戲中——「哎喲！那一定很痛」，再盡量注入一些連結的元素。遊戲式教養的方法是先加入遊戲，逐漸讓孩子脫離那個他們卡住的地方。父母的生氣、教訓和拒絕會讓孩子把我們也關在高塔之外。如果把問題留給孩子自行解決，等於是把他們交到行銷業、廣告和娛樂企業的手裡。這些公司迫不及待地想要填滿父母所留下的缺口。

競爭是另一個對男女孩及父母來說十分混淆的區塊。女孩較可能放棄盡全力，或無法享受勝利的滋味，因為她們為失敗者感到難過。男孩則被期待要在乎勝利超乎友誼。我在女兒的足球隊中看到這種清楚的差別。有一次她的隊伍要和同校的另一隊比賽，也就是她得對抗自己的朋友。這些女孩十分擔心兩隊的比賽，她們許願下雨或下雪，想辦法避免在友誼中烙下競爭傷痕。當我跟另外一位家長提到這件事時，她則描述了她兒子棒球隊的情況。當他們被安排要和朋友及同學比賽時，他們並不會祈禱降雨。兩方都期待這場對決。幾週的時間裡他們互相奚落和嘲笑對方，在午餐時坐成兩邊，發誓要在球場上打倒對方。男孩間這樣的嘲笑也十分令家長不解。男孩用嘲笑，甚至互打來表示對彼此的親近，特別當更直接的情感表達在男孩三、四歲時就被禁止。這樣的嘲笑和互相洩氣也造成了真實的痛苦和恐懼。

我並非主張女孩應該更像男孩，或男孩應該更像女孩。舉對蟑螂的反應為例（碾碎牠或尖叫逃開），答案應該介於中間。在我們的幫助之下，男孩可以保有力量但同時也懂得連結，女孩則得以在連結的同時擁有自己的力量。

另一個例子是孩子的藝術作品。除了一些有特殊的天分或是老師特別指導外，大多數孩子的創作也充滿了刻板的性別印象。男孩畫武器和太空船，女孩則畫愛心、彩虹和馬。我不相信這是天生的，我認為這比較是被卡在性別的角色和期待之中。和他們一起畫，協助他們跳脫刻板圖畫的無限循環，畫出更多有趣的東西。

幾乎所有的男孩都受到不能哭泣的壓力，或是因為同儕哭泣而惹上麻煩，所以我發明一個角色叫「不哭男」。我用劇戲化的炫耀口吻說：「英雄有淚不輕彈；我從來不哭；我是不哭男。」接著，不過是帽子掉到地上，我立刻假哭了起來。跟女孩們玩時我則扮演一個女人味的拙劣模仿者，我只在乎時尚和髮型。或者我扮演一個英俊的王子，只追求長得完全像娃娃的女人。他可以引來笑聲，讓女孩拒絕過時的刻板性別角色。這些遊戲鬆綁了媒體用以束縛孩子腦袋的可笑影像。

和男孩女孩連結

連結的斷裂是很自然而且不可避免的，所有的孩子偶爾都會把自己關在孤立的高塔中，只不過有些花較多的時間躲在高塔裡。整體而言，因為男孩被對待的方式，他們較有可能無法表達受傷及脆弱的感受、保持親密的關係或是接納溫柔。不幸的是，這些正好都是走出孤立高塔的方法。結果就是金德倫（Daniel Kindlon）和湯普森（Michael Thompson）在《該隱的封印》（*Raising Cain*，中譯本商周出版）一書中指出男孩的情緒無知。那是個真正的問題，因為心理的療癒和真正的親密都仰賴情緒能力。

有關兒童性侵害的研究瞭解到女孩比男孩更容易在家中受害，而男孩則容易在家庭以外的地方受害。也就是說，加害人利用與女孩的親近關係，而戀童癖則利用男孩對愛和接觸的渴望。這些受害者的故事裡有太多是因為加害者提供孩子「愛」、感情、尊敬、注意力和取得違禁品的管道。加害者只是為了自己的性需求，但男孩受騙是因為他們渴望連結。對男孩情緒上的錯誤教育，獨留他們孤單寂寞，成為容易被剝奪和侵犯的對象。接著，又因為他們無法自由表達情感，錯誤的教育還妨礙了他們從創傷中復原的能力。這些受害者有很多是來自正常家庭，因此杯子倒空的原因並不是家庭的忽略，而是我們社會對男孩的錯誤對待。

看看對男人和男孩來說，任何非關暴力、競爭或性的身體接觸有多麼困難。看到男人擁抱時的怪異模樣，或不知道如何安慰朋友，我們覺得好笑，但它更令人心酸。父母擁抱男孩或許不會一夜之間翻轉強大的社會壓力，但我們一定要開始做些改變。我們現在知道「男生不准哭」的觀念對男性及社會的殺傷力，它不過是為了維持社會的陳舊標準，我們不能再對哭泣的男生和哭泣的女生有不同的反應了。

開始的起點便是**情感的連結**。同理、情緒智慧和仁慈，這些都是從親密關係中學習而來的，不是來自道德課程或是書本。它們也能從遊戲中習得。遺憾的是，有些能幫助男孩連結的事物卻被視為女孩的玩意：擁抱、玩嬰兒娃娃、讀詩寫詩、練習音樂、藝術、文學、戲劇、唱歌和跳舞。有些男孩也會做這些事，但對女孩是更平常的。做這些事的男孩要付出一些嚴重的代價，他們最後只好放棄或被稱做娘娘腔。

諷刺的是，要讓男孩對玩娃娃有興趣並不困難，很多研究顯示，單是收看幾次男人照顧嬰兒的影片就能提高托兒所男孩對照料娃娃的興趣，但是從社會的角度我們卻遲疑是否該這樣做。不知怎麼地，我們希望男孩長大成為有愛心的父親，但卻不願意他們和娘娘腔扯上任何關係。

我們可以和男孩玩一些遊戲，改善他們的情緒知能。有些著重在溝通方面。例如**幸與不幸**，一個人開始講故事：「幸運的是……」而另一個接下去說：「不幸的是……」這樣往返說著關於災難和救助的故事，這亦是很多孩子關注的議題。另外一個受到兒童歡迎的是遊戲叫**潦草的線**，並不需要語言來表達。這個遊戲因為溫尼考特（D. W. Winnicott）而在治療上普遍被運用。一個人開始畫畫，畫出不像任何東西的潦草線條。另一個人則將它完成，畫成某樣東西。兩個人輪流開始。這些遊戲是練習為溝通打下基礎，不要期望它可以直接躍為深層的對話。例如，最近有對父母來詢問我如何讓他們九歲的兒子多說些話，我建議了幾種方式，要父母到孩子的地盤上去，用非語言的溝通方式。與其堅持孩子一定要跟他們報告上學的情況，他們請他用拇指朝上或朝下的方式來表達今天在學校過得如何。他很喜歡這種方式，還會加入更多的姿勢來表達。原本是父母與孩子之間的權力拉鋸戰，現在變成大家都珍惜的家庭儀式。

連電動玩具都可以是連結的基礎，我指的並不是再買一台Gameboy一起玩。有一次我到一位十一歲的男孩家做遊戲治療。通常我到達的時間正好是他電玩時間快結束時，他總是在兩件他喜歡的事情之間被拉扯。這天我上樓到他房間時他還不肯放下電動，我用外套蓋住螢幕。他很生氣地叫：「你在做什麼？把它拿走。」我說：「你這麼會打電動，我打賭你不用看就可以打。」我說我會告訴他螢幕中敵人所在的方向，他很興奮地接受了這個挑戰，我們很開心地在一起玩，有了更多的互動。

幫助男孩連結，你可以玩任何的遊戲，特別是有某種程度互動的遊戲。如果能玩他們想玩的遊戲當然更好。若是我們責備他們的遊戲愚蠢、暴力、反社會化，又怎麼能期待他們將內心的感受告訴我們呢？

另一系列的遊戲是直接與情緒有關的。做一個臉部表情，或從雜誌裡找一些有代表性的表情，然後玩**從表情說出感受**的遊戲。要孩子扮可怕的臉、難過的臉、害怕的臉。用一個互補的表情來回應，像是安慰難過的臉，被生氣的臉嚇到而退縮的臉。和孩子玩幻想遊戲，讓你的角色用語言和動作來表達感覺。不要拘謹，要誇張。

我們社會裡的男孩是以無法集中注意力和坐定而聞名的，有越來越多的注意力缺失症（Attention Deficit Disorder, ADD）案例。但我想有一部分男孩的問題出在依附方面。男孩的杯子空了，或是漏水，而不是他們沒有處理訊息的能力。沒有人可以在失去安全依附的情況下專注或學習。葛林斯班寫道：「活潑而有精力的孩子很快學會追求刺激和滿足，來取代他在親密關係中所找不到的。」可以想見四處跑動使得他們更難親近。因此，有些注意力缺失症男孩的衝動和渙散也許僅是更深層問題的副作用而已，他們缺少的是連結的能力。很多這類疾症的治療並不處理依附方面的困難——倒空的杯子，使得效果有限。

對小女孩而言，她們所關注的親密和連結常會出現在幻想遊戲和扮家家酒當中。未被善待的孩子可能會對娃娃特別關愛，也可能會扮演起殘酷的母親。我這裡談的並非受虐兒童，所有孩子難免會有被誤解或是未被妥善對待的感受。大人在遊戲中可以幽默地擔任起脾氣暴躁的母親，或是十分可惡的小孩。隨著年齡增長，女孩會面臨交友、維持友誼，以及在同儕團體中找到安全感等重要的挑戰。在這個時期她們可能不再玩娃娃，也可能已把父母排除在生活以外，當她們在連結上的這些困難中掙扎時，我們必須找到與她們維持連結的新方法。和她們一起玩，花時間相處，做她們想要做的事，她們願意時讓她們說話。我最喜歡的策略是對女孩說：「好了，換你了。」她們會問這是什麼意思。我告訴她們，她們可以說任何想說的事，或者去任何想去的地方。然後我等候。我們常會迫不急待地跳進來提供有用的想法，但很多孩子，特別是青少年，需要一些空間坐著弄清楚他們想要什麼。如果我們耐心等待，他們不會辜負我們的注意力和對他們的信心。

男孩、女孩以及無力感

要讓女孩放下梳子和髮帶、停下裝扮娃娃來和我們角力，或是扮演女英雄而非等待拯救的少女，不是件容易的事。至少目標很清楚：幫助她們體認到自己的力量。男孩和力量的目標就比較不那麼清楚。在某些方面，力量似乎是男孩的強項，但是另一方面，他們同樣可能會有無力感。他們的無力感以兩種類型顯示出來。一種很直接：膽怯和害怕，被動和無助的男孩。另一種則比較令人困惑：在家庭或是教室中製造破壞的魯莽男孩。他們一點都不像有無力感。

魯莽和真實力量的差別在於連結。如同一些注意力缺失症，魯莽來自於早期在依附上的問題。我看過太多不顧危險比賽爬樹的孩子，而也有站在樹下孤獨地看著，不敢嘗試的孩子。如果孩子不能看到危險，則他無法安全地探索。如果孩子看到的只是危險，他則根本不敢探索。第一種需要鎮靜的聲音說：「慢下來，朋友；讓我們安全地進行。」另一種需要鼓勵：「我們來試試看；我會在這裡幫你留意。」

第4章描述過我女兒的力量之屋，她發現可以充電再去角力的方法。不少孩子，特別是小男孩，並沒有擁有力量的感受，他們不知道怎麼角力。他們站在你對面說：「嘿！哈！厚！」然後學忍者龜或是金剛戰士在空中做揮拳動作。有些用猛擊或是踢腳的方式來傷害你。這些孩子可能有體力，但沒有情感的接觸。除了讓他們不要傷到我之外，我會對這些孩子說：「看你能不能把我推倒。試試角力、互相推進如何？」推進與空手道的空踢或猛擊是不一樣的。它有持續的壓力，所以有接觸的感受。

許多男孩十分有攻擊性，他們會咬人或打人或做些武術般的動作，但只要你真的試圖和他們角力，他們兩秒內就會放棄，因為他們非常害怕真正的接觸或是真正的力量。這說明了攻擊性不過是接觸的代替品而已。男孩的無力感偽裝成力量，因為男孩一定要看起來粗魯強壯，不管他們內心的感受如何。

當孩子不能持續加滿杯子，他們變得衝動及心不在焉。另一些變得膽小如鼠，因為他們不被允許獨立和過度的自信。前者多為男生，後者多為女孩。這不又是「桌面實驗」的翻版了嗎？有些男孩排解挫折的方法是用攻擊性；有些女孩挫折時只能含怒不語，或是消極地服從。

男孩和感受

我收聽國家廣播的一個專訪，受訪的噴射推進車隊隊長剛以超過一千兩百公里的時速打破陸上最快速度的紀錄。在訪問完有關技術層面的問題後，主持人漢森（Liane Hansen）問：「你感受到的情緒呢？」他說：「我們試著把情緒排除在外。情緒是非常危險的。」我笑了出來。這個人以一千兩百公里的時速開車，竟然說**情緒**才是危險的！

男孩（和男人）會因為表達情緒而惹上麻煩，還會因為**不要**表達情緒而做一些會惹上麻煩的事。男孩因為哭泣而被嘲笑，但當他們用打人或是打破東西來取代哭泣時，又使人詫異。研究者在一間托兒所中觀察所有哭泣的例子，驚訝地發現男孩和女孩哭泣的次數並沒有差別。其他孩子通常忽略哭泣，但老師會處理。處理的情況大概是：對女孩大多給予安慰；男孩則較可能受到責備。

當你因為有情緒而被處罰，又因為表達了它們而受到更大的處罰，那麼要從受傷或失去的痛苦中復原就更加地困難。你就是沒有機會能清除它們。有一次從電視上看到一個運動節目的片段。當一支隊伍勝利時，隊裡的男人擁抱在一起分享喜悅。當他們輸的時候，每個人獨自安靜地坐著。攝影機貪婪地想要捕捉哭泣的鏡頭。為什麼他們要獨自傷心呢？他們在贏的時候不是與隊友緊密地連結嗎？原因在於，如果他們分享了失敗的痛苦，他們大概就得哭泣。面對失敗的哀傷，如果加上朋友的親密和安慰，他們就再也無法抑制下去了。分享苦難是幫助我們釋放情緒的管道。但他們就是不能哭。你可以看到他們臉上扭曲的痛苦，在球賽**結束後**努力和情緒爭鬥的程度，和在球賽進行時所花費的體力不相上下。

我也常從父母那裡聽到這類運動英雄的男孩版本。一位母親告訴我她九歲兒子的事。老師告訴她孩子在學校過得不太好，但他拒絕接受安慰，也不願意提及。媽媽問他：「你是不是擔心如果談起這件事或是如果老師抱你，你就會哭出來呢？」他點頭，一長串的眼淚同時從臉頰滑落。有些男孩壓抑的程度更勝於此，不願表現出任何痛楚或哀傷。

我發明一個「指定尖叫者」的遊戲，它可以幫助那些即便受傷都要堅忍撐住的孩子。萊斯是一個很愛運動的七歲男孩，我們玩的都是球類。他的腳受傷了，但他立刻站起來繼續，我從他跛腳和抿著的雙唇知道他還在痛，可是他極力否認。我開始跳上跳下，假裝**我的**腳很痛。他問我在幹麼？我解釋說就像棒球裡的指定打擊者一樣，我讓我自己成為他的指定尖叫者來幫他尖叫。他笑了起來，我用一隻腳跳來跳去，像個傻瓜一樣。然後他說他想要讓他的腳休息一下再玩。這可是很大的進步。

我有一次問兩個六歲的孩子怎樣才會在一年級的班上受歡迎？男孩回答：「玩電動的飛

彈遊戲。」女孩說：「要對別人好。」男孩不能哭泣不表示女孩就可以自由表達所有的情緒。女孩被鼓勵要聽話，對別人好。這樣一來有幾種情緒就屬於不被社會接納的，其中之一是憤怒。難怪很多女孩變成拐彎抹角的毒辣。

沙德勒除了檢視女孩在學校中所經歷的不平等外，他們也看到學校如何錯誤地教育男孩。他們訪問了一位男孩叫做東尼。東尼把男性角色稱為一所監獄，他提到在高中的男孩要遵守五項規則以符合男孩的「標準」。其中之一是不能表達感受。但是身為校刊的編輯，當他收到那些硬漢和運動員的投稿，經常驚訝於隱藏在詩背後深層的情感面向。這些人都在要畢業之前投稿，反正他們不會再看到任何人。或者他們要求匿名。

男孩和女孩，一同遊戲

我載女兒和她的朋友肯恩回家。在路上肯恩開始問：「你有變形金剛嗎？」

「沒有。」

「你有黑龍軍團嗎？」

「沒有。」

我打斷他：「她沒有那些暴力的電腦遊戲。」

他說：「喔，真糟糕。」他的聲音聽起來好像我說的是她沒有玩具，她每天只靠麵包和水過活。他又再試：「你知道核子武器是什麼嗎？」

他接著詳細描述核子武器和它的摧毀性。我打開收音機來保護我和平主義敏感的雙耳。收音機裡的情歌裡有一段親吻的歌詞。肯恩說：「噁！快關掉。」艾瑪同意。我說：「把幾百萬人炸掉很酷，兩個人親吻很噁心？」兩人同時回答：「是！」有趣的是，我認為如果艾瑪是跟另一個女孩在車上，他們可能就會咯咯地笑著這段歌詞，而不是說它噁心了。

一般而言，男女孩從大班或一年級開始就玩著很不同的遊戲。在他們分為兩個團體之後，他們的遊戲越來越分歧。有關女生和男生的玩具，卡森—帕吉（Nancy Carlsson-Paige）與李文（Diane Levin）寫道：「有位家長看到她女兒坐在公寓的門口，旁邊的同齡男孩是她的朋友。荷莉手裡拿著芭比娃娃，麥可拿著美國大兵人偶和坦克。他們互相看著，想和對方一起玩，但最後還是只有坐在那裡。」兩位作者提出很好的建議，告訴父母親可以給孩子中性的玩具和藝術創作，或者建議孩子玩一些與性別無關的遊戲，像是帶他們的玩偶到外太空去。遊戲式教養的方法，當然也是到樓下去、和孩子坐在一起，創造一個幻想遊戲讓兩個玩偶都能加入，然後扭轉一下這些角色。例如，你可以讓美國大兵說：「嘿，這些高跟鞋可以做很好的武器。」然後芭比回答：「你想他們會為我做這種綠色的套裝嗎？我覺得很時髦。」

鼓勵男孩和女孩一起玩。這些混合性別的遊戲給男孩建立連結的機會，給女孩提昇自信和力量。一起玩耍協助他們習慣彼此，不必等到青少年再重新認識另一個性別。為了在一起玩，他們也會學習如何更有創意。

有一次我在公園裡看到一位父親推著嬰兒車在散步。嬰兒看起來大概六個月大。原本是溫馨的畫面，但當他太太出現時，他開始大吼：「你知道嗎？剛才有兩個人說他看起來像女生，兩個人！」他用諷刺的聲音說：「好可愛的小女孩。我真是他媽的不敢相信。他看起來像女生嗎？」他把臉湊近嬰兒說：「你看起不像女生！怎麼會有人覺得你像女生呢？」

我真怕（也有點希望）他會因為憤怒而心臟病發作。我想到我在監獄工作時那些因為暴力和性侵而入獄的受刑人。成為真正男人的這種強大壓力，幾乎到要出人命的地步。我帶領的受刑人團體裡有一位家暴犯訴說他自己令人心碎的故事。他小的時候有一次被惡霸欺凌，逃回家裡，正當他鬆了一口氣時，他的媽媽把他鎖到屋外，要他像個男人一樣挺住。鄰居後來把他從三個年長孩子的手上解救出來，他已經被打得不成人形。

這些雖然是極端的例子，但是每個男孩都需要協助才能面對他們周遭的殘酷和暴力，還有那些要他們永遠堅強有力的不切實際期待。美國的荷馬•里將軍（General Homer Lea）在一八九八年說：「長期的和平對一個國家來說是危險的事，因為這會使年輕男人有嬌氣。」上天最好保佑沒有這種事！

社會對同性戀男人，還有對那些被標籤成同性戀和娘娘腔男孩的嘲笑、侮辱和暴力，影響著所有的男孩。即使男孩自己不是直接受害者，也深受這種反同、反陰柔的氣氛所傷害，因為男孩必須不斷地證明自己的男子氣概，不然就得承擔後果。當男孩互相嘲笑彼此是同性戀時，他們指的並不是同性戀的行為。他們試著要弄清楚男性化的意義；也在指控彼此不是完全的男人。

我們不喜歡男性沒有男子氣概，但我們也不喜歡男孩**太**有男子氣概。拳王泰森（Mike Tyson）就是一例。他以男子氣概的攻擊性受到獎勵，但他的攻擊性發展過度，就將自己送進監牢好幾次。我們對於男性暴力的矛盾從他的行為及他所受到的待遇就可以看出。

我希望我已經表達清楚這個想法：安慰、擁抱和珍惜孩子並不會讓男孩懦弱。這樣會使他們在情緒上更為堅強；使他們更有人性。我們現在已經比較不懼怕女孩的運動細胞、力量和才智，但仍有很大的改善空間。美國的第九法案要求大學中對女性提供同等的運動設施已經發揮了很大的作用。現在我們期待關心男孩情緒健康的法案。

第9章 讓孩子做主

「我想要教導人們在與孩子相處時如何瞭解和喜愛『我不知道』這句話中不可思議的創造力——多麼富有生命力和令人目眩的驚奇！」

——柯爾恰刻醫生

遊戲式教養是在跟隨孩子和介入嚮導之間取得微妙的平衡。一方面我們讓孩子完全主導遊戲，培育他們的創造力和自信。在另一方面，當他們陷入重複的情境、無聊或是潛在危險的狀況時，我們則積極地介入。我承認是因為自己不斷地**犯錯**，我才能成為遊戲式教養的專家。有時我以為我需要做「嚮導」直到發現孩子要我做的其實是「跟隨」。這章是有關**讓孩子**領路；下一章才會談到大人需要主導的時機。

有時我試圖引導孩子，但事情一點進展也沒有；因為這樣，我學到如何讓孩子領路。有一次我和女兒在玩類似紅綠燈的遊戲，被鬼摸到的要凍住不動，再由另一個人來解凍。這個遊戲適合多人一起玩，但只有我和女兒就不那麼有趣（對我來說）。我大部分的時候都動彈不得。她會來凍住我，然後去做別的事，期望我一直在那裡等著。我猜她可能想要我打破規則去找她，所以我違規把自己解凍兩三次，堅持要和她連結。她十分生氣。最後我道了歉，答應她我不會再自己解凍。她又把我凍住一次，看看我是不是認真的。她跑到另外一個房間，我待在原處，偶爾大聲地提醒她：「我還凍住喔！」一旦確定我真的可以遵守規則，她過來把我解凍，告訴我這個遊戲結束了，再來要玩站在球上平衡的遊戲。原來第一個遊戲並不是要連結，而是要知道我能接受她的帶領，我跟她同國，然後我們就可以一起玩耍。

如何讓孩子帶領我們，並不容易弄懂，特別如果孩子不愛說話時。我通常和十一歲的路加玩棋或擲球，或是我看他玩電動。我問他有什麼最新消息；他有時會說，但從來不分享內心的世界。他只是含蓄，並非陰沈。有一次我決定要往前推進一點。我們在玩橄欖球，我問他有何新消息。他忽略我的問題幾次。最後我說：「沒什麼新消息，或是你不想告訴我？」他把球踢進灌木叢說：「這是新消息！」我愛這個。當你「聆聽」孩子的遊戲時，你必須將**每件事**當做是一種溝通，包括丟球和踢球。大部分的孩子不會解釋給你聽。因為我還不確定他要表達的是什麼，我決定要順著它有趣的那面。

我說：「哦，我知道了，你是在用橄欖球語告訴我新消息。嗯，我想想，你覺得卡住了，像球卡在灌木叢裡？」

「不是。」他笑。

「你飛得很高，然後你掉下來？」

「也不是！」他又把球踢高，球打到電話線。

「你送電報到紐西蘭？」

「不是！我是說，沒錯。」笑得更厲害。

我繼續翻譯他的橄欖球語，假裝猜測他在想什麼或是說什麼。有些和他生活中的問題類似；有些純粹好玩。幾分鐘後，當我去追球時，他說：「哈哈，你喜歡那個球，你跟它結婚算了。」這是他到目前為止最清楚的談話。他的媽媽告訴我路加在學校因為喜歡一個女孩而受到嘲笑，但他從沒跟我提起過。這個議題喬裝成我和球，他用嘲笑我來把它帶到遊戲中來處理。

因此，當我漏接或踢空時，我會對球說：「我愛你，橄欖球，你為什麼不愛我。」他會大笑。如果我接到球就說：「我就知道你還喜歡我。」然後假裝親它。他笑得更厲害。這個技巧對很少主動談到自己（或任何事）的孩子來說是很重要的技巧，讓我們可以跟隨他們的帶領。

這章會先談到讓孩子帶領我們遊戲的基本原則，包括安排特別的遊戲時間。再來會談到與不同對象進行的特別時間。

如何跟隨孩子的帶領

- 就是說「好！」
- 做他們想做的事
- 注意安全，但不用過度擔心
- 保留「特別的遊戲時間」
- 花時間復原

就是說「好！」

跟隨孩子的帶領，意思是孩子需要我們偶爾（或盡可能地在掌握的範圍內）熱情而歡迎地說「好」，取代一連串的「不行」。對於孩子的要求或他們正在做的事，我們幾乎都用自動化的回答：通常是不行，偶爾會自動回答好呀（第13章會談到管教）。如果數數一天或一小時內你說不行的次數，你可能會震驚不已。我們覺得自己必須打斷他們正在做的事，或是警告他們要做的行不通。但是父母的介入無助於孩子發展出自己對事情的良好判斷能力。他們有時必須靠自己去發現，而最好的幫助是提供我們的支持及鼓勵。

我並非提倡無為而治。孩子需要大人的監督及協助來做決定，直到他們能夠自主為止。但試著打破自動化的否定，而用熱情的方式回答：「嗨，很酷的主意，我們來試試。」他們可能反而會說：「不要，那好危險。」如果他們的建議無傷大雅但似乎不太可行，試著跳進去說：「好主意。但是要怎樣才能行得通？」他們可能會找到解決之道，但至少他們能為自己想過一遭。

有天下午我在等女兒放學，我開始跟蕾蓓聊天，她是艾瑪朋友的妹妹。她的媽媽在和別人講話，而我正好站在她們的車子旁邊。她問我她可不可以坐在車頂回家。**我**知道**蕾蓓**知道這是不可能的。但我也瞭解她，我猜她以為我會說不行，然後她就會爬到車上去，看看我會有什麼反應。我並不想陷入權力的拉扯之中，所以我說：「當然了，我們爬上去吧；可能很好玩。我們得抓緊就是了。」然後她說：「柯恩！那很危險耶。我們不可以這樣。」我開始假裝要爬上去，她說：「不行，不行，我們會掉下來的。」因為我說可以，她反而必須想清楚後果會怎樣。如果我說不行，她心裡還是會掛著這個念頭，覺得這個主意很酷，而大人都愛庸人自擾。當然她還是有可能說：「好呀，我們爬上去吧。」我會裝傻地問：「我在想你媽轉彎時我們該怎麼辦？」或「你媽看到了不知道會有什麼反應？」來刺激她的判斷力。

以肯定替代否定並不表示你要假裝認同那件事。假如你很討厭某個遊戲，你可以幽默地哀求說你不想玩。我看過一些父母，包括我自己，勉強和孩子玩一些自己覺得無聊或愚蠢的遊戲（像是我女兒的芭比娃娃），然後在一旁打瞌睡，雙方都有不好的感覺。解決之道是我會跟女兒玩，但不會隱藏我對芭比的看法。我誇大自己的恐慌和厭惡，求女兒不要再玩了，讓她覺得很好玩，而我也喜歡跟她玩。

直接用肯定的回答「好」，傳達了基本的接納而非拒絕，贊成而非反對的態度。用生動的方式來玩耍：運用姿勢、你的聲音和面部表情，以充滿熱情的態度。如果在玩擲球，用跑的去撿球，將自己投入你所扮演的幻想角色中。記得把自己的負面情緒收起來，特別是消沈和憤怒。拿出溫暖、歡迎和支持。我並不是期待你與孩子在一起的每分鐘都要這樣做；那應該會不錯，但有點不切實際。我希望你花一些時間試試，即使一開始只有幾分鐘。包括我在內，多數的父母已經覺得自己付出好多心思在小孩身上。但幾小時昏沈不熱衷的互動還不如短時間但全神貫注的遊戲。事實上，一旦孩子從你這裡獲得這類型的遊戲時間，其餘的時間他們通常不會再苛求你分分秒秒的注意力。

我時常發現自己說，「這行不通」或「這不可能」，我不但是一個沒有想像力、不斷干擾的大人，還想為孩子提供一條捷徑。我知道不可能，所以他們就沒有必要再試了，是嗎？對於有立即危險的事，我們當然應該直接告訴他們。對於生活裡大部分的事他們卻應該有機會經歷和嘗試。就好像幫孩子做功課，雖然答案正確，但是沒有真正的學習。如果你說：「讓我們來試試吧！」結果可能出乎你的意料之外，也可能和你預料的一樣。不論是哪一種，孩子都會感受到你支持的態度。

有一回我和另一位父親各帶了自己的六歲女兒去健行。我們四個人走到了池塘邊。池塘邊綁著一艘竹筏。另一個女孩說：「我們去划船吧！」我立刻掃興地說：「這個結解不開的。」另一位父親則說：「好呀，看看你能不能把結打開。」我心想，不可能的。但她們立刻解開了繩索，我心裡冒出了浮板沈到冰冷池水裡的畫面。另一位父親很冷靜地問：「我們要怎麼划它呢？」孩子們立刻去找槳的替代物。她們要我拖住竹筏，要另一位父親幫忙看守。她們找了兩根大木頭來划船。我們在竹筏上度過愉快的時光。我很高興看到女孩們的欣喜和成功，但內心十分懊惱。不是因為事實證明我錯了（這件事我倒很習慣），而是我未經思考就這麼快地否定。我低估了她們的能力，高估了危險，讓我自己的恐懼佔上風。但這不僅是我說了不而已。我想要將自己「較妥當」的判斷加諸在別人身上。我說服自己這是基於安全的緣故，實際上卻不是這樣。我不願意冒險把自己弄濕弄冷，但女孩們卻很樂意享受冒險的樂趣。

做他們想做的事

我曾參與過幾次惠芙樂（Patty Wipfler）為父母和孩子所舉辦的遊戲工作坊。她是「手牽手」組織的創辦人（譯註：前身為「父母領導機構」〔Parents Leadership Institute〕）。我非常推崇她的著作。跟隨孩子的引導和做他們想做的事，是她所謂「特別時間」的基石。惠芙樂建議的遊戲，是孩子用他們的方式告訴我們他們的生活。玩他們想玩的遊戲，用他們希望的方式玩，是我們真正聆聽的方式。我們都有過這樣的經驗，我們想要跟別人說些什麼，但對方不停打斷我們或是轉移話題，或是告訴我們該怎麼做、該怎麼感覺。我們討厭別人這樣，但我們對孩子也會做同樣的事。這不是瞭解孩子感覺或思考的好方法。玩他們的遊戲、用他們的方法才對。

當然，在我們玩他們想玩的遊戲之前，我們得先跟他們玩過一些遊戲。不幸的是，當我們說：「我不想玩。」他們聽到的是：「我不想進入你的世界。」難怪他們會對我們說：「

我不想去學校……我不想去阿姨家……」來表示他們也不想進到我們的世界。父母越能加入孩子的世界，他們越能表現出合作。

在孩子遊戲時，我們不能只是坐在那裡，雖然經過一天辛苦的工作後，我們真的很想這樣。他們需要我們做一個積極的參與者，就像聆聽需要積極的專注一樣。我們不會想跟出神、不斷看錶、一直改變話題的伙伴分享內心的世界。要做遊戲的積極參與者但同時跟隨孩子的引領是一種挑戰。那表示你在外頭打籃球時做一個熱情的籃板球員，或者補球讓他們再進球；可不是表演你拿手的三分球（除非他們要求你，或是要你使出全力來對抗他）。

在研習當中我有時要求父母告訴我他們最愛做的事是什麼。每一個回答我都用這樣的反應：「好無聊……好笨……噁……沒搞錯吧……你開玩笑嗎？」在他們提出抗議之前，我解釋為什麼我要激怒和侮辱他們。我想我們常不智地給孩子這些訊息。在我自己瞭解到這點之前，我也常讓女兒覺得她玩芭比是件愚蠢而無聊的事。

為什麼不要總是回答「不行」？想像你剛經歷過一件讓你害怕、困惑或不知所措的事，而你不能去提起或想起它。這就是當孩子不能玩自己遊戲時的感覺。遊戲是他們思考和談話的方式。

每次當我談到「做他們想做的事」時，一定會有人問道：「如果你總是跟隨他們的帶領，難道他們不會想要一直做重複的事嗎？」有時他們真的會想要重複某些事，超出我們忍受的範圍（然而我們責怪孩子注意力不足！）但越是讓他們主導，他們越能有嘗試新事物的空間。新事物可能包括體能的挑戰，像是吊單槓或跳水，也可能是情感上的挑戰，像交新朋友或是談談他在學校的問題。

注意安全，但不用過度擔心

父母通常還會擔心另一個問題：「如果你跟隨他們的帶領，萬一他們要做危險的事怎麼辦？」首先，我們一定要區分真正的危險和自己的恐懼。在危險的情況下，我們可以說：「這讓我害怕。我們來想想看怎麼安全地進行。如果不行的話就只好算了。」當孩子被允許運用他們的判斷力時，他們會好好地思考。但因為我們總是告訴他們什麼可以什麼不行，他們沒什麼機會訓練自己的判斷力。我們大都煩惱過多的安全問題，特別是我們跟孩子一起玩的時候。你可以在任何時候停下來，協助他們想一下後果，而不是跳進去幫他們判斷可能性或是危險性。

當然做父母的責任之一是注意孩子的安全，但就像剛才划竹筏的例子，我們用安全當藉口，其實只是自己的不安全感和禁忌而已。本章開始的引言，就是要找到不知道的不確定性所帶來的喜悅，特別是跟隨孩子的帶領時。「我不知道」的感覺很像在說自己是不適任和無能的父母。然而如果我們可以放鬆、深呼吸、嘆口氣來思考，我們其實會知道自己做得還不錯。即使我們犯了不少錯誤，甚至很多懊悔，我們還是有很多值得驕傲的地方。

保留「特別的遊戲時間」

當孩子選擇要玩什麼遊戲和如何遊戲時，他們的杯子可以填滿。加滿的杯子增加他們的自信、培養與你的關係。跟隨孩子帶領的方式是保留一、兩個小時的時間，交給孩子主導。我把它叫做「特別的遊戲時間」（以下簡稱「特別時間」）。如果遊戲式教養是加入孩子世界的邀請，那麼特別時間就是要邀請你再往前一步。

遊戲式教養是一種態度，一種七天／二十四小時的路徑，讓我們更能與孩子連結，擁有更多樂趣，讓他們沒有壓力和恐懼地學習和成長。親職的工作隨時隨地都持續著，多的是遊戲和嬉戲的機會來加滿杯子。提供安慰、幫助孩子療傷、分享溫柔的時光。除了在一般的時間注入嬉戲、連結和自信之外，有時孩子也需要一些較有結構的安排。特別時間是一個精密的地圖，更深入孩子的版圖，為的是協助他們運用遊戲來建立更親密的關係，探索這個世界，從生活中的煩亂中復原。

特別時間的基本形式很簡單。家長或其他大人為孩子保留固定的**一對一**時間。大人提供孩子**不受干擾、專一的注意力**。某方面來說，特別時間只是遊戲式教養的進階，進階表示更多的熱情、參與和承諾來提昇親密和自信，更有趣和更歡迎的態度，更多將自己情緒放在一旁的態度，更活潑和喧鬧的遊戲。除此之外，你在這段時間內不接電話、煮飯或是打瞌睡。

你可能注意到我說的特別時間很像遊戲治療師的工作內容；固定的遊戲時間跟著孩子的帶領，注意他們拋出的線索，或者激勵他們克服情緒障礙。雖然治療師是治療有較嚴重苦痛的孩子，但是他們的技巧說明了遊戲對所有孩子的療傷力量。如果遊戲可以幫助孩子脫離極端的孤立，或是修補問題家庭的連結，它當然可以幫助「一般」的疏離和孤立，或者「普通」程度的攻擊性或挫折。

特別時間對每個孩子都有幫助，它對特定的問題也有助益。父母會問我，如果我已經花許多時間和孩子玩耍，現在再保留一些時間來進行特別時間，並把它稱為「特別時間」，會有什麼額外的助益嗎？我想還是會有。有一個固定的行程安排讓孩子期待並預先計畫。他們常會把感受存積到特別時間，使得特別時間變得很具挑戰性，而且也會幫助他們在其他時間比較不會要求你的注意。正式地保留時段也能幫助我們比較熱忱，並記得要說好而不是不行，做他們想做的事，不要煩惱太多安全或是違規的問題。我不會期待任何人一次進行超過一個小時以上！但是當你保留了特別時間，它也給孩子情緒的通行證，表達一些平時無法或不能提起的主題。單是你選擇讓孩子玩任何遊戲，就已經相當了不起。而你給他們全副的注意力，不接電話或是不做家事，是更了不起的事。

有些父母可能會想，喔，我知道我家小孩想在特別時間玩什麼。可是千萬不要搶先行動或建議他們你覺得可以做什麼。讓他們用自由和開放的選擇使你（可能還有他們自己）刮目相看。這讓我想起有好幾年的時間我和我父親會一起去看美式足球賽。我們倆其實都不喜歡也不想去，但因為我們想和對方相處，也互相以為這是對方想做的事。就像很多的父母和孩子一樣，我們為了想要花時間在一起而特別容忍，但如果我們不要去猜對方的心思，而是想辦法弄清楚，反而能有更多樂趣。

父母的另一個疑慮，在於是否要讓特別時間超越平時的規定。如果孩子平常不能吃糖，他們可能會想在特別時間去買糖果。如果戰爭遊戲不被允許，他們可能會想要玩假劍和玩具槍。如果他們只有十四歲，他們可能會想利用特別時間學習如何駕駛。他們並不是想要把我們逼到牆角，而是要利用特別時間的安全感來處理新的或是困難的事物。他們也利用特別時間來促使我們重新思考一些規則和規定。對這個問題我沒有標準答案。建議你實驗一下怎樣對你和孩子有用。我通常會以五或十分鐘的時限嘗試被禁止的活動，如果有麻煩再停止。

我帶領一個母親團體中的成員叫安琪。安琪嘗試特別時間時，就和她的兒子們遇到了這個問題。他們利用這個時段做他們原本被嚴格禁止的活動，假裝的火爆槍戰。這是一個很難處理的情境，安琪必須在她自己的反槍枝原則和讓兒子主導特別時間的承諾之間取得平衡。

為瞭解開這個糾結，首先要問：這個遊戲是真的很危險（身體及情緒兩者），或是它僅是我個人覺得恐怖而不舒服？安琪認為是她的反槍枝立場所帶來的不舒服。以她的價值觀和教養風格來說，她的兒子不可能會因為玩這種遊戲而走上暴力精神病之路。但她仍然無法跨越心裡的不適，讓孩子自己選擇遊戲。我建議她的方法分成兩個部分，考慮到雙方的需求。第一個部分是安琪要盡量找機會和其他父母談論她關切的這個議題，為什麼她要反槍枝，為什麼她是和平主義者。這樣的討論可以幫助父母考慮用短一點的特別時間來實驗放寬規則。

第二部分是安琪和她的孩子找到一些替代的遊戲，讓兒子可以探察這個吸引他們的議題，但是又不會讓她過度不安而無法參與。例如，或許她可以面對想像的武器或幻想遊戲中的假想劍。長遠來說，這些思考會對我們的親職工作非常有幫助。

我想孩子喜歡特別時間的原因不只是因為他們可以做想做的事、可以主導，而是因為我們對他們伸出雙手，努力要和他們產生連結。他們得以注意到我們並不**總是**認為講電話、保護傢俱或是執行家規比跟他們高興地玩來得重要。只要他們能夠看到我們的目標有時是跟隨他們的帶領，他們也會接納我們也是有焦慮和規範的成人。

我建議即使狀況良好的家庭也應該經常進行特別時間。因為它對於兄弟姊妹間的競爭和家庭衝突會有幫助，也可以幫助父母與較難親近的孩子連結，它亦可以提供父母和年長孩子共同享受一些樂趣。

手足間的競爭經常會在孩子得到父母一對一的特別時間後，逐漸轉淡。在大家庭中，孩子渴望有得到父母親全副注意力的機會，即使只有幾分鐘。我知道父母親的時間有限，但這樣的付出是值得的。渴望需要父母注意力的孩子總會想辦法得到它，與其讓他們千方百計、不擇手段，不如給他們特別時間。

年紀稍小的孩子在你解釋了這個想法後會迫不急待地投入。大一點的孩子會需要時間消化這個奇怪的建議。「你真的可以讓我做什麼都可以？」他們可能無法立刻想到自己要做什麼，但不要太快建議。放輕鬆地說：「這是你的特別時間，你想做什麼呢？」青少年或前青春前期的孩子特別關心浪漫的議題──男女朋友、性、約會。假裝你愛上一個搖滾歌手，唱可笑的濫情歌曲，拒絕在跟他們握手後去洗手等等。他們可能會笑你。**享受它**。這可能是他們運用遊戲來處理自己不夠酷的恐懼。

有個十二歲男孩的母親描寫一段意想不到的連結。她在每週三晚上都會花時間和兒子在一起，讓他做他想做的事。通常他會想去百貨公司逛逛，但他很少說話。她總認為他們有很好的關係，她是個好聽眾。

有一次母親的一位好友去世了。她決定用三天的沈默靜思來懷念朋友。在開始週三的沈默之前，她問兒子要不要更動特別時間。他聳肩說無所謂。他們坐進車裡開往百貨公司，他開始說話，把他內心從來沒提過的事告訴她，有關學校和感情的。她看著前方保持沈默。車子開進百貨公司後，兒子只想待在車裡一直說話。他們沒有下過車。夜深回家的路上，他仍繼續訴說著。顯而易見地，她的誓言沈默給了他最大的自由，他不用擔心被打斷或被批評。

有時我們只是需要讓開一點，連結就會自然發生。問題在於，大多數的時間我們甚至不知道自己是怎麼擋路的。

注意：跟別人孩子的特別時間和自己孩子的很不一樣。如果別的孩子在家庭中沒有安全依附，沒有人提供給他加滿杯子的機會，他們會把你變成供水的來源。他們會巴著你不放，但也可能會假裝他們不在乎你。但真正的連結對這些孩子來說很重要。他們會測試你，看你能忍受多少，會不會離開。他們用的不是紙筆測驗，而是用拳頭揍你、罵你、忽略、吼叫、嘲笑或震怒的方式，這些都是當孩子的杯子已經空了很久而你要加滿它時的反應。他們打破你的東西，試圖傷害你，但這些顯示出他們有多想要一個朋友。在可能的情況下，即使他們踰矩而我們必須加以處理時，我們仍需要保持連結。不管是我們或別人的孩子，需要我們呈現人性和真誠的那面，做他們的本壘板，成為空杯、漏水杯甚至破杯的供水來源。在我擔任遊戲治療的工作當中，我經常遇到這種測試和混淆。例如有個女孩在十五分鐘內對我講的話包括這些：「我討厭你……你不用再來了……你可以每天來嗎？……我可以當你女兒嗎？……如果你離開就不要再回來。」

如果孩子有依附的對象，你的角色仍然很重要。你會有和他父母或主要照顧者不同的悠閒或難處。他的父母可能很愛乾淨而你則無所謂。你可能不能忍受噪音而他們根本不受打擾。孩子很快學到誰可以容忍什麼。

花時間復原

我應該在一開始就聲明，特別時間執行起來比想像的困難一些。如果很簡單，我也不用寫這本書了。對我來說，集中注意力來做連結，保持熱情，專注在孩子身上，偶爾延緩工作或晚餐，這些並不容易。事實上我還未曾遇到有人可以駕輕就熟的。主要的困難是我們自己有未被滿足的需求，我們自己成堆的情緒（擔心、焦慮和疲勞；對於嬉戲和喜悅的困窘）。特別時間或是孩子主導的任何遊戲之所以困難，是因為我們會覺得自己不會玩，或是無法忍受孩子一直想玩無聊或令人不舒服的遊戲。我們寧可迴避，但如果真的去面對，我們可能要花時間來恢復疲勞。從耗費情緒的特別時間裡復原，最好的方式是和其他父母談談，尤其是也在運用特別時間的父母。當我們因為太忙、太累、太無聊而不想玩時，我們多少需要強迫自己。就像我們沮喪時也不想去外面運動，但如果強迫自己去動一動，我們會覺得好多了。而長遠來看，我們也會快樂一些。所以不要屈服於這些「我不想去」的感受；強迫自己克服這些惰性來遊戲吧。

有時我們很難用積極的態度來跟隨別人的帶領。當我女兒還小時，她會叫我當國王，或是弟弟，然後她會叫我去睡覺。糟糕的是，我會真的睡著，而她會非常生氣！我們玩大富翁或其他的棋盤遊戲時也有一樣的問題。她會幫我擲骰子，幫我決定該買什麼。我很想說：「

你根本不需要我嘛，我還不如去睡覺或煮晚餐。」但是在她的眼裡我們是一起玩耍，而且對她很重要。我的工作是要醒著。

我還必須懺悔的是，在大多數的特別時間裡我覺得自己愚蠢透了，而我討厭愚蠢的感覺。我覺得自己像僕人，我不習慣讓別人引導我的活動。我昏昏欲睡、疲倦透頂。如果我們在玩樂高，我會把顆粒按形狀和顏色分類，來分散自己的注意力。如果我們在用紙牌蓋房子，我會蓋一個比他們更好的。不是因為我想把他們比下去，我只是迷失在自己的感受中，而非跟著他們的腳步和需求。既然如此，我又幹麼非做不可？

第一，即使我做得不如自己期望得好，它仍然能對孩子及我們的關係產生有力的影響。在特別時間之後，我常可以看到正面的效果，孩子比較平靜、較不具攻擊性、較不感到挫折。我們可以一起玩，坐在一起享受相處的時光。第二，一段時間後我做得越來越好，即使我偶爾還是會感覺愚笨或無能。第三，即使孩子在特別時間抱怨我做得不對，他們還是會一直要求特別時間。我想在特別時間裡的抱怨和抗議，只是要告訴我他們需要玩什麼，以及他們運用遊戲來呈現的深層感受吧。

讓孩子在遊戲中引領

在我第一次和羅拔見面時，我建議他的母親可以試試讓他跑快一點和慢一點，跑左跑右的技巧。我在第6章談過。為了要示範這個技巧，我對羅拔說：「嗨，羅拔，你可以繞著廚房跑得很快嗎？」他立刻決定要看**我**能跑多快、往哪兒跑。我原先是希望他練習自我控制，但他想要玩主導我的遊戲。我照著他說的做，逐漸建立起信任的關係。

幾個月後有一次遊戲時間之前，羅拔媽媽告訴我他今天在學校過得很糟糕，其他孩子不想跟他玩。她去接他時，好幾個孩子跑去跟她告狀，說他很壞。羅拔看到我時很開心，我準備要跟他玩角色逆轉的遊戲。我還來不及開口，他就說：「你來追我，我告訴你該跑多快。」他還記得我們第一次見面玩的遊戲。我跟著他的主意走，在追逐的過程中我們會通過幾道門，他有時會把我關在門外。他要我從另一邊繞進去。我按照他說的做，他卻又把自己關到門的另一邊。我敲門求他讓我進去，他大叫：「不行，你不能進來，我不喜歡你，你是討厭鬼。」啊哈！這不正是我要的，他逆轉了角色讓自己成為可以不要跟我做朋友的那個角色。我扮演了我最愛的哀求者，求他讓我進去，讓我跟他做朋友。能有這樣的進展完全是因為我跟隨他，而不是他跟隨我。

羅拔根本無法坐著好好聽大人教訓他，告訴他踢人或罵人是交不到朋友的。但我用遊戲中的誇張方法來告訴他這件事，讓他發笑。我威脅他如果他不開門我就要踢他。我答應要做他最好的朋友，但是用舞台演員對觀眾的高聲耳語說，我進去之後要偷走他的玩具。笑著面對這個使他哭泣、挫折和否定的議題（「我不知道他們為什麼不喜歡我，他們好壞。」），改變了羅拔交朋友和維持友誼的能力。它可以促成孩子生活上的改變——如果你讓他們帶路、跟隨他們的引領。

第10章
必要的主導

「……不太隨和的〔遊戲〕……在你注意到孩子無法自主時……當孩子放不開、無法接受感情、展現不出溫和性或是不能冒一些險，像是離父母稍微遠一點……你希望孩子知道你願意設計遊戲來邀請他們用他們自己的方式嘗試〔新事物〕……針對他們的需求量身訂做的挑戰。」

——惠芙樂

在上一章我講到跟女兒玩的紅綠燈遊戲，我想要接管遊戲的主導權而不是跟隨她。我忘了我最基本的原則是要跟隨一段時間後才能確定自己是否有好的理由可以介入來主導。的確有的時候跟隨孩子的帶領是不夠的或是沒用的。在這種時候遊戲式教養就變成要主導遊戲，至少一段時間，把遊戲重新導向，讓陷在困境裡的孩子掙脫出來。如果孩子被關在無力感和孤立的高塔，他需要幫忙才出得來。孩子有時需要一點溫柔的推力，再讓他重回掌舵。還有些時間，我們需要堅持連結。其他需要大人主導的常見狀況還有：提供孩子挑戰、引介一個重要的議題，以及讓無聊的事變得有趣。

一點溫和的推力

大人主導的關鍵是，輕輕點到為止，看看孩子的反應再說。我最喜歡的溫和推力是問一個簡單的問題，或是一句回應。如果我覺得遊戲因為缺乏連結而進行得不好，我會說：「我們接下來要做的是連結，你想我們該怎麼做？」不常被這樣問的孩子可能會需要你舉一些連結的例子，像是擁抱、對望、握手、角力、擊掌等。有些孩子可能很清楚要怎麼連結，他們可能說：「才不要呢！」然後笑著跑開，這就是一個新遊戲的開始。

溫柔的推力可能簡單到像這樣，你說：「我們來玩吧！」而不是等他們說話。如果他們喜歡坐在那裡看電視，或許可以說「我們來玩足球。」當男孩只想在特別時間玩電動，你可以提供些許溫和的推力使得兩人能有一些互動。像把電視插座拔掉就不夠溫和。

葛林斯班描述溫和的推力如同「讓所有的接觸都變成雙向……而不是平行的活動。」例如，孩子自己用積木在蓋房子，忽略你的存在，你不能只是在一旁另外蓋一棟。把所有的積木拿過來，再遞給孩子他所需要的積木。問孩子怎麼蓋房子，但是不斷出錯讓孩子有機會來教你。或者搶奪一塊兩個人都想要的積木，以溫和幽默的方式。

另外一種溫和的推力是加入孩子的遊戲，然後做一些改變。例如孩子跳上跳下但沒有任何笑聲，你可以加入參與，逐漸帶入歌曲，韻律和變化的節奏。或者孩子把一樣玩具拿起來玩，很快地換到下一樣玩具。這時教訓孩子大概不會有用，不如你跟在後面撿起他放下的玩具，最後再遞給他從頭開始。孩子呆坐在地板上時，靠過去假裝說，好舒服的沙發喔，輕輕躺在孩子身上。

我絕不是建議隨時隨地娛樂你的孩子，跟他互動。這樣雙方都會很累，也太多打擾。我在講的是當你和孩子在一起時偶爾可以這樣做，把你的憂慮和工作放在一旁，專注地進行一些特別時間。

堅持連結

漢斯（Pamela Haines）寫了一篇文章對我有很深的影響。文章裡提到新生兒和嬰兒是如何主動地與我們建立深層的連結關係。難怪大多數的父母都與他們的嬰兒緊密地連結，而當嬰兒或父母無法連結時則會顯而易見。嬰兒是擅長傳送可愛及需求的專家，讓父母去摟抱親吻和照顧他們。隨著孩子長大，他們的需求越來越隱晦，特別是在連結方面。漢斯表示，這時主導連結就成為**我們**的工作。事實上我們的工作是堅持連結，要假定孩子在拒絕和令人討厭的行為底下其實需要更多接觸和情感。他們並不需要我們時刻地擁抱，畢竟他們也需要翅膀和飛翔。但是，快樂地探索世界，知道我們開心地在加油，對孩子來說與孤單、抑鬱、難過和寂寞的感受是截然不同的。

有時孩子喜歡把玩兩種對立感受之間的緊張關係：距離與親近，表達連結的需求與等候我們主動。我姊姊黛安之前在托兒所任教時，有次去拜訪她前一年教過的女孩羅珊，羅珊曾和她非常親近。她到達的時候，羅珊媽媽對著屋子裡大喊：「羅珊，黛安來了。」但羅珊坐在地上專心地著色，她頭也沒抬淘氣地說：「誰是黛安呀？」在一陣嬉戲談笑之後，兩人做了很好的連結。我最愛這個故事裡淘氣的問題，短短一個問題表達如此之多：我想念你，但我不知道你會不會再回來，我不知道該不該親近你，因為我又會再想念你，我要嘲弄你來以牙還牙。

我們常從孩子那兒得到這樣矛盾混淆的訊息，但它確實有些道理可循。他們感覺孤單，他們對我們有點生氣。當他們得到關注時，他們要將內心裡的感受呈現給我們看。他們無法用遊戲之外的言語來表達這種寂寞，只能假裝我們不存在或不重要，因為當我們忙碌時，他們的確覺得自己好像不重要。我們的工作是要主動地促成連結。

如果溫和的推力起不了作用，我們需要更積極地介入。運用技巧積極介入來讓孩子透過哭泣、發脾氣、尖叫和拳打腳踢來釋放痛苦的情緒。這樣的釋放讓孩子可以和他們的父母親重新連結，也讓孩子重獲自信。父母可能要加以堅持，孩子才能去處理他們不想面對的問題，父母也需要堅持才能將孤立的牆打破。

例如，有一個我治療的男孩很怕狗。偶爾在遊戲治療時，我會堅持到外頭散步。當我們經過狗時，我會嘗試帶著他慢慢地越靠越近。當我們接近那隻狗時，我就讓他來主導，決定我們靠近的速度。但是為了要能走到這一步，我得先主導，因為他不可能自己說：「我們去找隻狗吧，我今天想克服我的恐懼。」

對於這類的恐懼，通常會有一個特定的距離，我稱它為邊緣地帶。在第7章時我提過，這個距離正好能夠讓恐懼出現，太遠或太近都不行。當你處在準確的邊緣地帶時，你的孩子會發抖，或哭或笑。**就停在那裡**。當這波情緒緩和下來時，再往前走一步。這些情緒之所以能夠從孩子身上傾洩而出，是因為他必須同時注意到兩件事：我和狗在一起，而我很安全。這就是為什麼邊緣地帶很重要，因為這兩件事會同時為真。有時孩子嘴裡唸唸有詞地細數他過去跟狗有關的經驗，這也是邊緣地帶的表現。或者他可能會大聲地說服自己：「這是一隻乖狗；他有狗鍊，他不會咬我。」如果你的孩子也有恐懼要克服，試著和他一起找到這個邊緣地帶，他需要你在旁邊提供他安全感，才能完成這個情緒功課。

有時孩子克服的恐懼不是狗或泳池，而是連結。這時也是我們需要主導的地方。因為孩子不會在他們的高塔外放一個標示：「請幫助我脫離孤立。」威爾許（Martha Welch）寫了一本書叫做《擁抱時間》（*Holding Time*），介紹一個特殊的技巧來幫助孩子克服與人接觸的抗拒。這本書有些爭議性，因為這個技巧若被誤用會有壓迫和傷害孩子之虞。但書中的基本技巧很有幫助。威爾許治療過不同類型的孩子，包括自閉症和依附障礙。她認為孩子需要大人堅持連結直到有所突破為止。大人將抗拒接觸的孩子抱在懷裡，絕不妥協於膚淺的連結。

我發現威爾許的書中最有幫助的概念，是大人常安於與孩子做表面的連結。我們的期待很低。我們可能根本沒注意到自己與孩子並沒有強而有力的連結，或者我們可能認為自己使不上力。威爾許強調，如果我們願意投入時間和努力，其實我們能夠做些改變。我們可以重新找回自己以為不再可能的溫暖、親近、深層的連結。這個層次的連結需要一段長時間冷靜地擁抱孩子，讓孩子在懷裡掙扎戰鬥。

這個技巧可能不是每個人都適用，所以在遊戲式教養法我將擁抱時間修改為「感覺時間」。我會在這些情況下擁抱孩子：當特別時間釋放了孩子攻擊的衝動而他們無法停止傷害我或別人時；孩子魯莽地衝撞、無法跟人有眼神的接觸；孩子受點小傷卻來尋求安慰時。威爾許描述地很精確，不管在哪種情況下抱住孩子，一段時間後他們會開始掙脫。通常我會試著再抱久一點。如果他們叫我放手，我會照做。但如果他們跑回來打我，我會再去抱他們。如果他們縮到角落或是關到房裡，我會給他們一點空間，然後再視情況接近。如果他們已經準備好要連結，我們就轉到遊戲的模式。

換句話說，我會堅持連結，但會盡可能用孩子的方式。如果不是百分之百確定，我不會違反孩子的意願抱住他們，除非基於安全的理由。如果孩子無法做眼神接觸，我會持續邀請，不會在第一次嘗試後就放棄。我的確會在孩子尖叫或拳打腳踢時抱住他們，因為沒有別的法子可行。但我會在之後問他們：「你對擁抱有什麼想法嗎？你剛才不要我抱你，可是我一放手你就開始打我。」「你看起來好多了；你覺得擁抱有幫助嗎？」

當孩子因為攻擊、退縮或其他過度的情緒而無法自由遊戲時，一些其他專家也會建議用類似威爾許著名的擁抱技巧。惠芙樂就認為堅持連結是一種幫助孩子釋放被抑制情緒的方法。例如，如果孩子不停打人或咬人，溫和並堅定地阻止他們通常就足以帶出具有治療效果的眼淚。情緒釋放後緊接著就是一個全新層次的親密與合作。葛林斯班建議在孩子變得暴力或激動時堅定地抱著孩子會使他們鎮定下來；穩定的接觸、施壓和安全感協助孩子組織他們的感官和衝動。

在這些親密身體擁抱的不同方法當中，要記得的是，你的目標不是要懲罰孩子，或展現你比他強大的事實，而是要讓他們釋放痛苦的情緒，這些情緒已阻擋了孩子和別人連結的能力。因此，在你生氣或是失控時最好不要使用擁抱的方法，而是暫時離開現場，等你能夠表現冷靜和愛時再回來。

上一章我提到要盡量跟孩子說好。但也有一些時候我們必須說不。其中一種情況是當孩子很渴望要某樣東西，而當他們得到後，沒過一會兒他們又好想要另一樣東西，而得到之後，同樣的事再度發生。或者他們一直嘗試要做危險、毀滅性或是傷害性的事情。這時你堅定的「不行」可能有助於他們釋放所有阻塞在內心裡的情緒，這些情緒已經讓他們無法享受他們擁有的事物。某方面來說，這句「不行」就像擁抱時間一樣：它提供了孩子足夠的抗力和阻力，讓孩子可以用來抒解過度的恐懼、憤怒和挫折。他們的回應可能是發脾氣、眼淚、發怒。他們選擇一件小事來大發脾氣，並不是在跟你作對，而是因為他們無法直接表達他們的感受。對於這個部分，做父母的不要過度批判；很多大人也都會這樣。回想你上一次和伴侶或朋友吵架的時候，你是不是也挑了件小事來吵架，只因為你找不到別的方式來正確地表達自己呢？

挑戰

這裡所謂的挑戰，是在介於跟隨孩子和自己主導之間，惠芙樂說的，**不太隨和的遊戲**，為的是要把孩子從孤立的高塔中拉出來，給他們一些推力來嘗試他們不敢嘗試的新事物。如果孩子不想起床，與其嘮叨還不如躲進被窩裡求他們起床。我有一位接受遊戲治療的孩子，他不太和人接觸，我經常跟他說，我向你挑戰手指角力。有時他會說好，有時他會說不要。我會一再求他，他會說下星期吧，我會說好。

這些及之前提過的其他例子有不少是為了幫助孩子脫離孤立。其他的孩子需要的幫助可能是在無力感方面，那麼在特別時間時，你除了做他們想做的事之外，你需要安排一些挑戰，像是爬樹、騎腳踏車、做困難一點的數學問題、打電話給朋友（如果他很害羞）等。勇敢的父母也可邀請孩子給他們一些挑戰。

有一次我在密西西比河堤散步，兩個九歲左右的男孩用腳踏車從陡峭的河堤上溜下來，在底端時他們滑倒，有些故意的成分。其中一個說：「你會怕嗎？」另一個說：「才不，我不會怕。」第一個說：「你一定衝得不夠快，因為我很怕。」我很喜歡這個故事，因為它表達了男孩和競爭、男孩和感受之間的複雜性。我也很喜歡男孩們給予自己的體力挑戰。孩子漸漸長大後，遊戲可能代表了選擇做一些有點可怕的事來克服恐懼。

體能挑戰給孩子一個測試自己、尋找極限、看自己有多少力量的機會。我想青春期孩子尋求刺激和危險活動的原因之一，便是要為自己製造這類的經驗。如果能夠加入他們，建構這種可怕但安全的冒險，我們可以提供他們安全和情緒的支持，而非僅是禁止他們。他們可能寧可和其他大人一起做些戶外冒險及體驗活動，我們可能也寧可這樣，畢竟孩子長大代表我們也在變老、變不靈活了。

引介重要的主題

我們已經知道孩子在遊戲中會帶出他們關切的主題，而且多數時候這個歷程會自然發生。實際上你可能無法阻止一些主題出現，像是廁所幽默、攻擊性或是浪漫愛情。可是又有些時候，孩子會避免或忽略某個主題，大人則可以在遊戲中引介這個主題做為開端。每一次你在遊戲中主導時，記得要點到即可。如果你引入的主題起不了作用，暫時放棄。這個想法有點像治療師會說的：「你最近都沒有提到你的母親……」

跟孩子的話又容易一些。在與雷蒙遊戲治療數個月後，我知道十歲的他對於獨自睡覺方面有些困難。他從未提到過，所以有一次我們在玩枕頭時，我發明一個遊戲是我得要有枕頭才能睡覺。他把枕頭從我身邊拿走，我假裝哭。他好愛這個遊戲。另一個托兒所的幼兒蘭希的大小便訓練不太順利，所以每次我們扮家家酒時，我都會讓我扮演的角色找廁所，不小心尿在褲子上。還有一個六歲女孩和媽媽來參加一個下午的家庭遊戲研習。我感覺媽媽對女兒過於緊張，不斷擔心她會受傷。女孩想要自己玩，但又想討好母親，這讓她很難放鬆遊戲。

我開始緊跟著這個女孩滿屋子走動，一面說：「哦，不，你不能走，那太危險了！千萬不要。你不能溜直排輪，哦，不要，我太擔心了，我沒有辦法再看下去了。」我融入遊戲中讓自己誇大這些焦慮。他們母女倆笑了起來。女孩開始越來越自信勇敢。我繼續假裝，但只要我一停下來，她就會說：「柯恩，你看，我要從椅子跳到墊子上面。」她在暗示我阻止她，我假裝擔心不已，她邊笑邊跳。我猜我也可以建議母親不要管那麼多，但是兩人之間的緊張關係還是會存在。但因為用遊戲的方式處理，女孩才能保持安全，亦嘗試冒險。

我姊姊珍尼跟我提到過一位母親，她的孩子上托兒所之後有些分離焦慮症。男孩會在學校哭整個早上，而不是在母親離開後幾分鐘內停止哭泣。珍尼建議他們在家裡玩學校遊戲。他們用樂高蓋學校，母子兩人扮演老師和學生。孩子玩的時候很放鬆，遊戲並沒有挑起任何情緒，但男孩還是繼續在上學時哭泣。然後母親決定在遊戲中加入關鍵的情節：讓車子載著樂高人物到學校。男孩讓樂高人物說：「不要走，媽媽。」母親則讓她的樂高媽媽抱著害怕的男孩。幾次之後，學校裡的情況有了重大的改變，男孩漸漸適應了學校。在遊戲歷程中發生了什麼事呢？一開始男孩避免困難的情緒，母親則依他的需求做調整，加入了新的主題。遊戲於是變得充滿情緒，母親則以遊戲中的老師和媽媽來扮演安撫的角色。孩子帶著被撫慰的心到真正的學校去。

有時孩子會重複同一個主題，這時可以幫孩子加寬主題的類型。例如孩子不斷玩攻擊性的恐龍，你則扮演受傷要求幫忙的恐龍，即使孩子沒有立刻接納回應，至少你在遊戲中加入了同情和依賴的主題，而不是只有攻擊而已。違規的主題也是很多孩子需要處理的。我喜歡發明怪里怪氣的規則，然後讓孩子打破規定，我則假裝生氣。或者讓他們訂規則給我遵守，以及適當的罰則。

另一個困難的主題是包容及排擠。如同大人一般，孩子自然地想要被團體接納，但他們也很會排擠別人。我們不能只是命令孩子要對別人好，自己就轉身離開。我們得在一旁幫忙孩子弄清楚包容的做法和意義，當孩子排擠或想要排擠別人時該怎麼做。讓孩子的娃娃和玩偶扮演排擠和拒絕的行為是一種引介這個主題的方法。

有些主題對大人及孩子來說一樣困難，因此要在遊戲中引入也會是一種挑戰。像是族群文化、種族、社經地位、身心障礙、家庭背景的差異。通常孩子會扮演出他們耳濡目染的各種糟糕的刻板印象，或者害怕談到這類的主題。即使社會好像越來越開放，但各種的歧視還是時有所聞，孩子需要我們的幫忙來瞭解和處理這些議題。但如果孩子不能在遊戲中處理這些對他們來說重要的議題或感受，他們就無法有新的認識。

例如，我的同事有次詢問我的意見，他說孩子邀請同學來家裡參加慶生會，他班級的組成是多元族群，但孩子只邀請和他背景一樣的小孩。我建議家長必須要主導邀請的名單，因為許多年幼的孩子很容易做出「無意的殘酷」，公開地排擠或接納特定背景的孩子，造成情緒及感受的傷害。慶生會並不是培養小孩力量的場合，它是教導孩子的機會。

孩子需要我們施一些壓力來協助他們克服對差異性的抗拒。如果你希望孩子和某個小孩做朋友，你要邀請他們全家到家裡來做客。孩子很小就可以注意到人與人之間的差異性，他們並非無知。遊戲式教養也要面對各種歧視的問題，如同其他的問題一樣。家長可以拿起一個娃娃對青蛙玩偶說：「我不要跟你做朋友，你是綠色的。」讓孩子可以對類似的主題來遊戲，而不是讓它以其他的假面目來呈現。遊戲過程中的笑聲真的可以幫助孩子對這些議題有更好的思考。

讓事情變得更有趣

在遊戲中主導也包括一種讓任何事情變有趣的態度，家事、清潔、雜務、苦差事，為什麼這些不能像遊戲一樣有趣？在電影《心靈點滴》中描述的真實人物亞當斯（Patch Adams）提到他致力於讓**任何事**變得有趣。他在空軍信用合作社工作時，發現大家都在做著自己討厭的工作，尤其是文書作業。他和一位同事於是鼓起勇氣讓每一件事變得好玩，他們用唱的把公文裡的訊息唸出來……等到十五年後再回去拜訪時，每個人都記得他們。

現在我和女兒去超市購物時，我們會花些時間玩一個遊戲。她試著把我絕對不會買的東西偷偷放進購物車，我必須要在到達收銀台時發現它們。有時我們在收拾時間玩得比遊戲時更快樂。當孩子反抗不做那些不愉快的事情時，父母有的時候會訴諸賄賂的方式。我自己也會這樣做。但賄賂畢竟無法真的使事情變得愉快。孩子還是無法自己起床、用功做功課，或是做家事。和賄賂相反的是，讓事情變得有趣可以培養親密、自信和合作。

為孩子領航

在上一章的最後，我以羅拔的例子來說明讓孩子帶領的重要性。現在我要用他的例子來說明介於主導與被帶領之間的平衡點。

羅拔的情況是，托兒所常必須打電話叫羅拔的媽媽來把他帶回家，後來連參加夏令營都是如此。當羅拔挫折的時候他會變得具有攻擊性，而且因為使壞而被同儕拒絕。五歲的他十分地聰明，但是卻缺乏社交技巧，很難安定下來。我剛開始幫他治療時，我們只是玩他想玩的遊戲。而後我們建立關係後，我想要主導遊戲來幫助他度過眼前的難關。

像有一次他要打我時，我用了之前描述過的擁抱來阻止他，不讓他傷害我或他自己，這是我認為可以使用擁抱的時機，堅持要和孩子做連結。然後我要他的母親抱住他。他不斷尖叫要媽媽放開，要我離開。她告訴他如果他冷靜下來，她就會放手。我建議她改變說法：「我們可以連結時我再放開你。當我們可以用眼睛看著對方的時候。」她照著做，而擁抱也跟著轉變了。他比較不激動，也比較不困惑。他仍然迴避眼神的接觸，但兩人之間不再是權力的拉扯，而是朝向連結的共同努力。

羅拔漸漸地冷靜下來時，我問母親她覺得這些情緒是怎麼回事。很清楚的是，在攻擊的底下，這個男孩既害怕又受著傷。有幾位他的老師也領悟到這一點，但卻不知道如何讓他不要傷害別人，或讓他不要孤立自己。這些霸凌或壞孩子都像這樣，把自己的洞越挖越深。她的媽媽跟我訴說一些羅拔小時候所發生的可怕的事，她開始哭泣；羅拔在她的懷裡放鬆下來，看著母親。她告訴我她對於羅拔所經歷的恐懼感覺得愧疚，他當時年紀有多小，而他又必須表現得勇敢堅強。我要她對著羅拔說話。他們凝視著對方的眼睛深處，不再有任何掙扎，只有溫柔的對待。

雖然我與羅拔之前已建立了一些信任，但並沒有改善他的人際關係。就在他和母親這樣深層地擁抱連結之後，事情有了重大的改變。那個週末，他們一家人花了很多的時間談論當羅拔打人時他是什麼感覺，他第一次承認他覺得擔心害怕，而不再說是因為別人很壞或是很笨。父母親幫助他思考要怎麼才能有安全感。令他們感到意外地，他自己下了一個結論：打人並不會讓他獲得安全感，因為別人會不再喜歡他。從那次之後，羅拔在學校和營隊的情況開始好轉。我想這是因為母親新的領悟所促成的改變，至少是因為羅拔所獲得的擁抱時間。但如果她沒有撐過那些眼淚和尖叫，她與羅拔可能永遠無法有如此親近的感覺，來分享恐懼和安全的深層議題。至少之前的羅拔是不可能靜坐聆聽的。後來我們又有過幾次的擁抱時間，但仍以遊戲為主。每次在擁抱時間結束後，他總是很期待下次的遊戲時間，因為這樣我瞭解到，他叫我滾開不要再回來之類的話，不過是他用來告訴我他正在處理一些極其沈重情緒的方式而已。

另外一次羅拔不知道為了什麼在生我的氣。他把廚房的門關起來，大叫：「我要吃爆米花，我一個都不會給你。」

「嗚嗚嗚！」我皺眉假哭。

他說：「好吧，你可以得到一小粒。」

「好棒，一小粒，你好大方，我好高興。等一下，那是什麼口味的？」

「喔，奶油。」

「可是我討厭奶油的。」

「騙你的。是原味的。」

「嗚嗚！」

「媽，爆米花在哪裡？」

「你如果不分享的話就不能吃。」

我告訴他媽媽：「沒關係，我們在玩。」然後我對羅拔說：「你有那種花生奶油焦糖醬油口味的嗎？我最喜歡的。」

「沒有！」

「嗚嗚！」

他拿著爆米花坐下，然後拿了一小粒給我。我說：「嗨，這是花生奶油焦糖醬油口味的嗎？」

「沒錯。」

我吃下去：「這是奶油的，你騙我。」

他笑了。

「那粒剛好沒有。試試這個。」他建議。

「我不知道該不該相信你。你確定這顆是花生奶油焦糖醬油口味的嗎？」

「我很確定；吃吃看吧。」

「如果不是的話，我應該要扮生氣的臉嗎？」我想要幫忙他面對別人對他生氣的情況，我想這是一個用遊戲來引介的機會。但我想要先問他，這樣才不會嚇到他。

「不要！」他的聲調很堅決，他還沒準備好要接受生氣的表情。

「那如果這個不是花生奶油焦糖醬油口味的話，我該怎麼辦？」

「扮個難過的臉。」

我吃下去，做了一個**非常難過**的表情，他笑了又笑。我們重複了幾次。某方面來說，我跟隨著他的爆米花遊戲，但在另一方面我又在主導，引介了失望、生氣和權力的主題。

有一次羅拔和我坐在沙發上，他抓了一個枕頭打我。我們可以跳起來打一場枕頭戰，但我決定要試試別的。我說：「哦，嗨，歡迎來到柯恩博士的枕頭管理學校。你一定是我們的新學生。很高興認識你。」我和他握手開始一些接觸。枕頭的想法是跟隨他而來的，而學校的點子則是我主導的部分，至於枕頭管理學校並不是什麼新穎的治療方法，不過是我在過程中發明出來的，我想用這個方法來引入學校、規則、自我控制等他一直避免的主題。

我繼續，「你剛好趕上這堂課，『不准毆打！』」我預期他會打破規則。我剛開始用兩倍的速度講話：「現在把這個枕頭放在這裡，那個放在那裡，然後把這兩個像這樣交換，再旋轉後把它們疊起來……」我故意把教學弄得混淆但有趣，有點像學校又不是那麼像。主要我設定要讓他用枕頭毆打我，我可以假裝生氣追他，他可以大笑。

「哦，記得，只有一個規則，不能毆打！」（容我打斷一下，有些孩子你得要悄悄地提醒他們：「毆打我真的沒關係，我不會介意；這個規則只是個遊戲而已。」）羅拔拿起枕頭，趁我沒有在看時，他用枕頭毆打了我。我用好笑的尖叫聲抗議，他跑開說：「你要來追我。」我追著他跑，不放過任何可以跟隨孩子帶領的機會。我追到他，把他帶回沙發。我說：「你做得很好，除了一件事之外，**不能毆打**！你準備好了嗎？不能毆打，可以嗎？」我重複一次教學，我們重玩了十次或二十次，笑聲不斷，包括在一旁看著的羅拔母親。

最後我估計玩得差不多了，羅拔問我可不可以玩最後一次。我欣然同意，他依循著複雜的枕頭操作程序，而且沒有毆打我。他臉上浮現充滿成就感的微笑。我說：「真是太棒了。」他臉上發光。「下一步是進階的毆打課程。」他看起來更高興了。「在進階課程裡，你可以用枕頭打我的頭，但是你要單腳站立一面唱歌。」他做到了，我們都笑了。

讓我解釋一下最後這個部分。因為他在打破規則方面做得如此之好，我認為可以做一些新的扭轉。這次我把他想做的事——用枕頭打我的頭，變成他**應該**做的事，而不是**違反**規定的事。像這樣些許的扭轉可以協助孩子發展合作的技巧，我在下一章會談到這個部分。

我想像你可能會問：「你解釋了邀請他毆打你的頭的部分，但單腳站立和唱歌呢？」那是要協助羅拔規範他的情緒。每個人都有攻擊性和不同類型的衝動。規範它們的關鍵是用調光器，而不是只能單向開關的按鈕。我知道羅拔缺乏調光器。幸運一點的話你可以幫助他把生氣關掉，但是他沒有辦法把它調節到自己可以控制的程度。所以我把這種想要打我的攻擊行為用兩個方式來處理。第一，邀請它，這能對攻擊的衝動有一定的影響。邀請使得用枕頭打人變成遊戲而不是敵意的行為。邀請也把它變成是我們**之間**的互動，而不是他**施加在**我身上的行為而已。第二，我讓他單腳站立唱歌而且來打我。當然可以換成任何事；我只是剛好想到這個動作而已。這個概念是要從小地方來改變這個行為，這樣他可以開始獲得一些控制的能力。如果你可以一邊單腳站立唱歌一邊打人，那麼當排在你前面的孩子踩到你的腳時，你就可能控制自己不要推他一把。

另一個例子是一位美術老師貝蒂，她教九個三到十二歲的孩子。有天孩子們很難專注，她帶他們到建築物的一角，旁邊就是一個旋轉樓梯。她緩慢地對孩子說話，讓孩子以為他們得安靜下來工作，突然她大叫：「最後一個爬上樓梯的是臭蛋。」然後她跑上樓梯。所有的孩子都跟著爬上去。在頂端時她又說：「現在下樓。」她開始往下走，其他的孩子喧鬧地跟著，她逐漸慢下步伐，最後非常地慢。她開始說：「感覺你在抬腳時地心引力把腳往下拉……」走到最後一階時，孩子都鎮定了下來。他們可以專注，準備好要畫圖了。貝蒂一開始加入孩子的所在（喧鬧失控），然後才能把他們帶到一個新的境界（安定而穩固）。她說這是一堂最棒的美術課。

第11章

學會喜愛自己討厭的遊戲

「跟貓玩耍的人要有被抓傷的心理準備。」

——塞萬提斯（Miguel de Cervantes）

目前為止我們的假定是大人想要到孩子居住的世界，至少去拜訪一下。但是如果那個世界令我們害怕、困擾或是憤怒呢？假如我們想做的是杜絕他們再玩這樣的遊戲，而且也不想用遊戲或輕鬆的方式呢？

在第3章談到連結的重要性時，我舉了《野獸國》裡的阿奇為例。他從幻想世界回到真實世界，因為他想要回到那個有著「最愛他的人」的地方。但在那之前，他解放了父母眼中具破壞性及混亂的野蠻能量。「現在。」阿奇說：「我要你們大鬧一場。」大撒野和大鬧一場是桑達克幻想式的速寫，代表了孩子讓父母感到不舒服、恐懼和憤怒的所做所為。用心理名詞的話，大撒野潛藏了三個關鍵主題：**依賴／獨立**、**攻擊**及**性**。

依賴／獨立

出生後的嬰兒是完全地依賴著我們，但他們從一開始便是獨立的個體，有自己的需求、慾望和偏好。他們的生命經歷兩種強烈的驅力，依賴及獨立。兩種驅力會使大人感到困惑。想一想那些黏在父母或老師身旁，或很難嘗試新事物，或一旦承受壓力便退化回前一個發展階段的孩子。依賴的孩子的名言是：「我不會。」

另一方面，孩子出現這些獨立的行為時會激怒我們：衝到大馬路上，打破規則，頂撞我們或將我們推開，惹麻煩，忽略我們優越的智慧和指引。這次的名言叫做「我要自己來！」

有些孩子在依賴與獨立之間來來回回，我們永遠搞不清楚。上一分鐘他們想要自己去店裡，下一分鐘他們要坐在嬰兒背架上。

我之前用鎖住的高塔來比喻斷裂和無力感。孩子可能真的將自己鎖在他的房間裡，躲在耳機的保護之下，或者保持一個情感上的距離，誰都不能靠近。當高塔的門甩上時，我們可以真實感覺到一道牆阻隔在我們之間。另一些孩子表現出的則好像是**過多**的連結。他們緊黏不放；只要陌生人抱起就哭；他們拉住媽媽的裙子；他們每天都從大學打電話回家；他們從來不搬出去住。但這真的是因為太多連結的緣故嗎？事實上，這個問題是斷裂的翻版。他們無法和母親之外的人連結，不能和新朋友，也不能和同儕。

老師的膝上，媽媽的裙子，在電腦前花上數不清的時間——這些地方變成了孤立的堡壘。即使有其他人在場，過度依賴的孩子並不和他們連結。緊依著母親懷抱的孩子並非快樂地看著外面的世界、等待適當的時機投入。相反地，他的臉埋在肩膀上。做為父母親，我們可能喜歡做為藏身處的溫暖，或者我們覺得窒息易怒：「你為什麼一定要跟著我？……你是黏在我身上了是不是？……到你房間去玩。」

遊戲式教養處理黏人的問題，是將孩子推開幾公分。不是叫他走開，而只是在你們之間空出一丁點的距離。試著保持眼神的接觸，看看會發生什麼事。常見的結果是孩子大發脾氣或是大聲哭泣，一面努力要回到那個安全的角落。然而我們需要耐心地將他放到外頭，這樣他才能看到外面的世界也很安全，至少值得冒一些險。當他埋藏在你的裙子後面時，他並不是真的與你連結，他只是在躲避。溫柔地將他推到外面，加入你的行列，然後幫助他去注意到廣闊的世界。這個策略可能不像遊戲，但這個方式讓孩子以身體的距離玩出他們對依賴及獨立的矛盾情感。

我的朋友凱拉打電話要我幫忙，她十一個月的女兒伊莎有很嚴重的分離焦慮症。光是想到和母親之外的人獨處就足以使她哭鬧不休，即使是和她愛的爸爸和祖母也一樣。母親不在的這段時間她會哭個不停，不僅是幾分鐘而已。我跟凱拉說我會過去幫忙。我們坐下來談了幾分鐘，伊莎在地板上謹慎地看著我。

我告訴凱拉一些我在這章裡談的內容，建議讓我抱著伊莎試試看。伊莎好像聽懂了一樣，開始焦躁不安，要媽媽抱她。我點頭要凱拉抱起她，伊莎緊抱著媽媽，用厭惡的眼神看了我一眼。我伸手去碰伊莎的衣服，只是輕輕地要碰到而已，她開始大哭了起來，頭埋在媽媽的肩膀上用力哭了半個多小時。這當中她不時抬起頭來看，看到我還在輕碰著，她就繼續再哭。她似乎在用一隻手推開她的媽媽，另一隻手卻緊抓著她，這是非常典型的模式。

我建議凱拉試著和伊莎有眼神的接觸，和她輕柔地說話。凱拉說伊莎和她在一起時從沒有這樣哭過，當她不在家時伊莎一定就是像這樣在哭泣。我說：「不太一樣，這次她可以同時又抱著你又感覺到你要離開，這和完全跟你在一起，或是完全離開你很不一樣。」平常的情況是，伊莎和媽媽在一起時一切都很好，或者她媽媽不在身邊，一切都糟透了。當媽媽不在時，她無法注意到其他人的存在，即使是她最親近的人。所有她看到的都是「不是媽媽的人」。和別人在一起時，她無法從被擁抱哭泣中來釋放這些痛苦的感受；她只能拒絕安撫，大聲尖叫。當我很輕柔地從她母親身邊將她拉開一下時，伊莎仍然是和媽媽在一起的，但她可以藉機釋放和母親分開的焦慮。

在她漸漸停止哭泣時，我問凱拉她認為這是怎麼回事。她說伊莎剛出生時她必須把她交給醫護人員進行一些醫療程序。凱拉開始哭，而伊莎停止哭泣看著她的媽媽，這是另一個常見的模式。凱拉將伊莎抱緊，告訴她媽媽很愛她，她在醫院時有多麼害怕，而要把她交給別人有多麼困難。在兩人都停止哭泣後，她們很放鬆地抱著對方，望著彼此的眼睛。伊莎甚至用溫柔的眼神看著我，雖然她還是不願靠近我。當我又輕碰了一下她的衣服時，她只是把頭放在媽媽的肩膀上，帶著沈思的神情。之後我再去拜訪時，她都是用討人開心、充滿情感的態度來迎接。當她單獨和爸爸或祖母在一起時，伊莎也不再哭鬧不停了。

從樂趣和遊戲的觀點，一個小時的哭泣當然不是在玩，但是我**在玩的**是假裝把她從媽媽身邊拉走，而不是**真的**把她拉走。我有位來做治療的大人常常在諮商的一個小時結束後仍不肯離開，我用盡了各種方法，他不願承認這有什麼心理問題。有一天我決定讓它變成一個遊戲。我跟他說，今天進行半小時後，我會跟你說時間到了。他覺得這蠢透了，因為他會知道時間還沒到。半個小時後我自顧自地對他說：「時間到了，你有半小時的時間可以辯論、爭吵、哀求、拜託，隨便怎樣都可以。」我說服他試一試，他開始說：「時間到了？你是什麼意思？我先到的。我需要你的幫忙；我才不管有人在等呢……」之前的我必須十分困擾地請他離開，現在我可以從容地說著：「哎呀，時間就是到了，對不起。」最後他終於也看到自己渴望關注和照顧的部分，而不用再以問不完的問題來掩飾。最後一個小時真的到了，他開始爭辯，但很快地微笑著說：「下星期見。」其後我們的治療時間變得更有效率，他不用再恐懼時間的結束。

遊戲式教養對於過度依賴的另一個處理方式，是角色的逆轉。你死命地緊抓著孩子，黏著他們不放。黏人的孩子習慣被推開而焦慮不已。一開始我們可能喜歡孩子的依靠，但在他們的需求滿足之前我們已經感到厭煩。可想而知，每一次他們接近時，他們已經為迫近的分離所緊繃。他們討厭分離到無法享受在一起的快樂。當我們變成緊黏不放的一方，他們可以成為最後想要從我們身上掙脫的人，如此一來他們便能注意到連結，而不是專注在分離上面。時間不會花得太久，特別是如果你像傻子般地表達我們有多愛他們，多麼不想讓他們離開。一旦地位翻轉，他們不需要緊黏不放，他們當然可以很快放手。

我純粹是在意外的情況下發現這點。當我女兒還小時，哄她入睡簡直令我抓狂。她要我等她睡著才能離開，可是我一離開她便會醒來。最後我弄懂了，因為她知道她一睡著我就會離開，所以她沒辦法好好睡。不管我等多久才離開，她還是會醒來找我。因此，我開始在她睡著前**早一點**離開。我會說我要去換睡衣，然後我會回來看她。我告訴她如果我回來時她還醒著，我會跟她一起躺著。如果她睡著了，我會親她跟她說晚安，幫她蓋棉被。大部分的時候她在我回來之前就已經睡著。極少數的情況下她還醒著，我只需要親吻她跟她說晚安，她翻個身就睡著了。她可以放鬆，因為我**會回來**。之前她是帶著分離的焦慮睡著，現在她知道我會回來，所以她可以放鬆地睡去。因為這個經驗，我知道黏人的孩子總是在等待逼近的焦慮。但如果由我們來黏住他們，**他們**便可以主導何時要分離。

許多家庭的衝突來自於孩子不做我們認為他們應能獨力完成的事，像是自己穿衣服、不用提醒就做好家事、完成作業等。因為他們**可以**，我們就認為他們**應該**。但是當孩子往獨立更進一步時，他們需要**更多**跟我們的接觸，而非更少。他們需要額外的親密度來平衡新的成就。他們需要把自信燃料補充加滿後，才能往下一步前進。所以，任何對孩子責任及期待的提昇，也代表共同遊戲時間的增加。

當孩子有退化的行為出現，像是表現比以往不成熟或是幼稚，父母會覺得很困擾。通常是家裡有新成員或是孩子承受壓力時，他們會有退化行為出現。當然父母的壓力已經夠大了，但退化並沒有辦法用處罰或禁止來消除，因為它代表的是孩子需要暫時回到有點依賴的那個階段。然後他們可以再重新往獨立前進。如果你對抗，他們會想要總是這樣，但如果你放鬆地把它變成一個遊戲，他們很快地就會度過。如果你四歲的孩子爬進背架，你用喜悅的聲音說：「好大的嬰兒喔！我從來沒看過這樣大的嬰兒。」當孩子開口說話，你稱讚他這麼小的嬰兒竟然能夠說話。很快他就會從背架裡出來，為你表演他會跑會跳。他的杯子從短暫退縮回嬰兒時期之中得到填滿。對大一點的兄姊來說，嬰兒看起來只需躺著就可以被疼愛。在加滿杯子後，他可以用充飽的四歲熱情再度出發。一些較寧靜的退化遊戲像是不帶嘲笑意味地抱著孩子，抱久一點。

其他比較極端的例子，孩子用過度獨立來激怒大人。他們不想要大人的監控和規則。這也很麻煩。我們要保護他們，但我們也要讓他們能伸展翅膀。有時我們所要做的是放鬆，不要在他們頭上盤旋，相信他們已經夠安全了，即便沒有人可以保證百分之百的安全。又有的時候我們只需要找到安全的方法來協助他們練習獨立。像是握著他們的手來使用菜刀，在他們自己去店裡買東西時老遠地跟著，或是到公園去讓他們可以野一下。

我們也可以放鬆一下自己，不要過度在意混亂、噪音、廁所幽默，特別是當這些事困擾我們時。如果我們不對抗它，權力的拉扯自然就消失。他們也可以有更多做決定的機會。我女兒差不多兩三歲時，她想要玩OK繃，從頭到腳都要貼。我則很固執地說：「不行，你有傷口才可以用。」好像遊戲和OK繃永不能交集一樣。我發現自己對膠帶也是一樣：「這不是玩具。」當然，膠帶或是OK繃也可以是玩具（還有流行飾品）。孩子是不做這些區分的。結果一個挺愚蠢的規定只不過是因為是我「需要」把OK繃留到緊急時再用。

孩子對規則感到興趣——訂規則、討論規則、打破規則、協商規則、爭辯規則、找漏洞、打小報告。大多數孩子喜歡玩訂定和打破可笑規則的遊戲。因此發明一個規則像是不能笑或是眨眼，然後在他們打破規則時假裝生氣。給孩子一個發笑的機會，因為規則對孩子的生活來說是一個蠻主要的挑戰。有時孩子在特別時間裡會想要完全主導規則。他們要你不偏不倚地遵守規定，或他們要你打破規則受到處罰。成人的參與相當重要，因為別的孩子不會允許你的孩子有較多的權力。當幾個孩子爭奪規則的權力時，結果不會太好。家長也不喜歡孩子行為像霸王一樣，但是我注意到當我們在特別時間裡開心地遵守規則時，教養的工作會變得比較平順。它幫助孩子在別的時候開心地遵守我們的規則。嗯，或許不是完全開心，但是他們願意合作已經不錯了吧。

我的女兒發明了一個遊戲叫做「艾瑪規則的大富翁」。我們之前玩過幾次大富翁，很快就覺得無聊，所以有次她問我能不能創些新規則。我說：「當然了！」心裡認為這樣會讓遊戲更有趣。結果她發明了一些荒唐偏袒她那方的規則。不管誰走到誰那兒，她都可以拿到錢。我可以買一樣東西，她可以把它拿走。我們在新遊戲中從頭笑到尾，在她賺錢時我假裝驚訝不已。我們不再玩原來的大富翁，而這個新遊戲應該叫做「不公平的人生」。

有些父母擔心讓孩子這樣玩不能為殘酷冷漠的同儕世界做準備。畢竟其他的孩子不會放過他們的自私。但相反地，主導遊戲和規則把孩子的杯子加滿，而滿杯的狀態使孩子能夠快樂地與同儕平等遊戲。競賽、競爭和規則的世界對孩子可能充滿了混淆，這樣玩耍也幫助孩子把感受到的緊張和不愉快加以抒解。我們可以幫忙用滑稽誇張的方式演出勝利的喜悅及失敗的痛苦。

需要注意的是，有些孩子填滿杯子的方法是**不要**受到特別待遇。有時他們喜歡被視為大孩子或大人，而且他們盡全力要讓自己追上。我朋友蘇珊的九歲孩子馬克在家裡就堅持要贏每一場競賽。有一天她很驚訝地發現他在籃球場上和一群青少年一起玩。他們不會給他任何特別的待遇，他非常盡力，但他還是球場上最弱的球員。他愛這樣的遊戲。「主導」和「讓我贏」的遊戲給孩子根基；全力以赴沒有禮讓的遊戲讓他們測試自己的翅膀。

攻擊性

很多大人對攻擊性的遊戲覺得很困擾：嘲笑、玩打架、扮演超級英雄、玩假槍或玩具槍、追逐打鬧、在操場上玩統治和權力的戰鬥遊戲。就像依賴和獨立一樣，如果我們可以理解攻擊性遊戲的源頭及其意圖，那麼或許不用有如此厭惡的感覺，也能試著有多一點的參與。

靈長動物學專家德瓦爾（Frans de Waal）研究聖地牙哥動物園（San Diego Zoo）的巴諾布猿（Bonobo）。這種猿猴十分活潑好玩，牠們喜歡的遊戲是從鎖鏈爬下乾涸的壕溝。一隻公猿柯林會在別的猿猴爬下去後，把鎖鏈拉上來。牠特別喜歡捉弄支配地位高的威南。柯林會用嬉戲的表情看著威南。偶爾威南的伴侶羅莉會來解救牠，把鎖鏈垂放回去。

玩打架和真的打架可能很難分辨。我用以下信號來分辨：有眼神的接觸嗎？他們看著對方等待回應，還是盲目地憤怒著？有笑聲嗎？有人受傷嗎？心理學家佩尼格里寧（Anthony Pellegrini）提到打鬧遊戲，他認為充滿嬉戲的攻擊會有笑聲伴隨著追趕、奔跑和角力。當遊戲的打鬧結束後，孩子會一起快樂地繼續玩。較強的那方會抑制部分力量來讓遊戲平等進行（像第6章提到的狒狒保羅）。

相反地，真正的打鬥會用拳頭猛擊、推擠和踢打。至少有一個孩子臉部表情陰沈而眉頭深鎖，另一個則在哭泣。真正的打鬥後孩子會不快樂地各據一方。較強的那方不會有所保留，因此也會有受傷的情況。霸凌常會混雜著打鬧遊戲和真正的攻擊。也就是把嬉戲的打鬧變成真正的攻擊行為，或者用嬉戲的打鬧來掩飾暴力。

當我們看到攻擊性的遊戲時，我們需要保持鎮定和放鬆，可能的話加入一些連結（如愛之槍）或幫助孩子獲得自信（如力量之屋）。當我們看到真正的攻擊行為時，則需要幫助孩子冷靜，抱住他們或是給他們一些呼吸的空間。好的攻擊遊戲確實幫助孩子控制他們的攻擊衝動，幫助他們應付在電視或真實中看到的暴力。破壞性的攻擊遊戲就僅是暴力，如果不加以制止會變得更加暴力。

另一類遊戲並不包含真正的攻擊，但有象徵的攻擊性——超級英雄、金剛戰士、格鬥人偶、假槍等等。有些父母擔心這種遊戲會使孩子對真正的暴力麻木。但如果孩子想要玩這類的遊戲，就表示他們腦中已經存在了這些攻擊衝動和暴力破壞的情節，禁止這類遊戲並不能將這些東西從他們腦袋裡搬走。你只能和他們玩，即使百般不願還是要試試。

有些人說玩槍會導致真正的暴力；有些則說它讓孩子用釋放攻擊性來減低暴力。事實上，兩種都有可能。他們到底是在暴力中迷失，還是在玩耍？他們扮演攻擊的場景來控制想要侵略的衝動，還是他們從幻想傷害別人中獲得虐待的快樂？許多父母忽略了玩具槍和假想槍之間的重要區別。玩具槍，特別是擬真的那種，較可能變成破壞性的遊戲，因為它們限制了想像力。你拿著槍還能做什麼？當然是射人。假想的槍則是從孩子關切的主題和需求出發，具有無窮的創造力。

兒童心理學家對於讓生氣的孩子去打枕頭、石頭或是樹有分歧的看法，這到底是健康地釋放攻擊性，還是強化了攻擊性和教導暴力呢？關鍵還是在於連結。孩子必須是在與人有連結的情況下，才能做健康的釋放。單是破壞性本身不可能具有治療效果，只會讓孩子將自己深鎖在孤立的高塔之中。

在良好的打鬧遊戲中，孩子得以實驗自己的身體力量。就像先前所提，盡量保持遊戲的創造性和輕鬆的基調。我喜歡扮演有點害怕的壞人和怪物，同時帶些滑稽、笨拙和無能，讓孩子可以用遊戲來克服恐懼。如果怪物或壞人過於可怕，遊戲就只會增加孩子的恐懼。

還有一種令父母煩擾的遊戲也是因為它的攻擊性和侵略性。許多孩子有時會表現出壞心腸或殘忍的一面。這是一個孩子在試驗一些複雜的事物，難怪會造成別人感受或是身體上的傷害。孩子需要在沒有大人介入的情況下嘗試自己的社會能力，但我們也需要隨時協助那些比較容易受傷的孩子。

在父母課程中有兩位母親跟我說了下面的這個故事。他們七歲和八歲的兒子常在遊戲場和一些混齡的孩子玩耍。平常的紅綠燈遊戲有天突然演變為罵人和丟木片。然後其中一位媽媽的兒子用另一個的皮帶打傷了一個女孩，留下一道傷痕。兩位母親為兒子的行為感到驚恐，之後更加地生氣，因為男孩們說是一個新加入的大男孩叫他們這樣做的。兩位母親在憤怒之中，表達了對兒子們類似野獸的野蠻及欺凌行為感到不解。我知道這是一件很不應該的事，但它除了是暴力、魯莽和野蠻外，還有一些其他的意涵。男孩們在試驗幾個他們困惑的概念：**如果我和力量強一點的同儕結盟會怎麼樣？我可以跟媽媽說是別人慫恿我的嗎？**新加入的大男孩心裡則在想：**我可以指使別人做我想做的攻擊行為嗎？誰會惹上麻煩呢？是他們還是我？我是新來的，我會因為我比較大而有多少權力呢？我可以因為自己的強悍而在團體中找到新的地位嗎？**

雙方的孩子都渴望要嘗試結盟的滋味，大的男孩可能會享受殘酷及虐待的滋味，而小的男孩則可能受結盟及忠實追隨者的滋味所吸引。我們必須瞭解男孩在這些行為背後亟欲處理的攻擊感受。他們在試驗的是非常複雜的社會互動——結盟、背叛、友誼、發號施令、執行命令、小群體等。他們的嘗試變成了殘忍的舉動，但孩子們並非野獸。就像學步兒會抓貓的尾巴，學齡兒童會大叫「大家去把他抓起來」，看看會發生什麼事。女孩則比較可能會悄聲地說：「明天我們都穿裙子，但不要跟蘇絲說。」

最好的預防方式，就是多和孩子一起玩，我們可以保護孩子，示範如何用安全的方式表達侵略或攻擊的感受。或許我們可以在麻煩發生前就先降溫，而不是讓壞事發生後對孩子吼叫。你可以讓他們集結對抗你，而不是去對抗更小的孩子。讓孩子有機會暫停冷靜一下。讓自己摔倒引他們發笑。

性的感受和表達

談論兒童性的議題並不容易。百年前佛洛伊德（Sigmund Freud）就宣告了兒童也有性感受，但現今仍有很多家長對這個主題感到不舒服。我們對健康或是正常的兒童性發展其實所知不多，因為現今男女孩在他們準備好處理這些資訊前，就已經暴露在過多錯誤的性資訊之中，包括了露骨或隱晦的性訊息，從同儕那裡，或特別是從大眾文化。隨意舉一個針對男孩的廣告：如果你喝了某種啤酒，你身邊就會圍繞著辣妹。而這些是你應該要認為具吸引力的女孩模樣。這類廣告給女孩的訊息更糟：你看起來應該要像某個樣子，而且你最渴望成為的女性，就是喝那種啤酒的人的獎賞。

家長對於孩子發現性的遊戲或是自慰感到很疑惑。同儕之間性的遊戲不需要過於擔心，只要它是偶然的遊戲和探索性質的。如果它是強迫的、習慣性的或是太過度的，就要考慮徵詢專家的建議。要確定的是孩子能有管道獲取符合他年齡的正確訊息。最重要的是，避免處罰或羞辱孩子。從最早期的心理治療開始，治療師就已經嘗試幫助病患來克服童年因為自慰或看病遊戲而受到處罰的心理障礙。當孩子用玩偶來做性的活動時，並不需要緊張。但如果這是他們唯一想玩的遊戲，或者你懷疑遊戲可能反映了孩子受到的性侵害經驗，那麼無論如何都得尋求專業協助才行。

孩子用遊戲來探索性方面的主題對任何年齡的孩子來說都很正常，但在另一方面，一些孩子玩的性遊戲表達的是他們的困惑和害怕。孩子所接觸的資訊多過於他們能掌握的，他們努力要處理這些資訊。他們處理的方法，是祕密地和另一個孩子遊戲。然後另外那個孩子可能也有一些混淆或是興奮的事要放到遊戲裡。這種情況下，最好的回應是和他們談論性，用簡單和誠實的方式回答他們的問題，並降低他們接觸挑撥性的電影電視，或者家中的裸體像。有些孩子對於性素材或是裸體沒有什麼感覺，有些則覺得困擾。

有一個家庭來找我諮商，父母擔心他們六歲的女兒頻繁的自慰行為。他們處理得很好，沒有驚慌失措、禁止或責罵，只是要她回房間裡，不要讓別人看到。通常家長只需要做到這樣。但他們擔心的是，自慰的行為似乎是在她想要父母陪伴而他們太忙的時候發生的。我同意他們的看法，看起來她用性的自我刺激替代連結，或是用以面對寂寞或無聊（很多大人也是這樣）。自慰帶來的密集快感淹沒了原來想要連結的需求，而變成一種習慣。

女孩的父母也注意到她會在看錄影帶時自慰，不是色情的，而是一般兒童節目，而他們擔心她把性愉悅和在電視前的游離兩件事連在一起。我也認同這個憂慮。我再問一些問題後，發現她會用某一個特定的絨毛玩具來摩擦。我建議父母用遊戲式教養法在「遊戲」中加入一些連結。他們可以在她沒有自慰行為時和她玩遊戲，假裝那隻玩偶拜託女孩讓它成為最愛的玩具。「請帶我去學校。我可以在你吃飯時跟你坐在一起嗎？拜託，拜託，拜託！」用幽默的情節傾覆她最愛的玩具的地位。她開懷大笑，效果立即而明顯。自慰的行為停止了，而且是在對性沒有任何罪惡感和負面感受的情況下。

顯然她所需要的就是用遊戲的方式來面對這種和強烈身體刺激聯結在一起的性感受。同時，父母也找到方法可以讓全家有更多在一起的時間，也找到方法來取代：「走開，我很忙。」他們會說：「我現在沒空，但是十五分鐘後我們可以抱抱和玩耍。」就像放學後給孩子一些點心讓他可以撐到晚餐時間，額外的接觸使他能應付等待父母關注的時間。

青春前期和青少年承受了極大的壓力要耍酷。酷的一部分是要比別人知道更多有關性的事情，假裝有約會有對象。我們需要在這方面暫時把自尊放在一旁，這樣我們的孩子就不用裝酷。我們希望他們知道，好奇沒有關係，不知道、害怕或困惑也沒有關係。用遊戲傳遞這個訊息的方式，是用惠芙樂說的，裝成**超天真快樂的人**。「讓我們穿內衣到樹林去跑一圈，像廣告裡的一樣。」「哦，我的天，這些人在親嘴。你看到了嗎？」「那隻狗在那個傢伙的腿上做什麼？」

記得我提過跟學步兒玩的時候，要用絆倒摔倒的方法追他們？跟青春前期的孩子也一樣，我們得在他們滿腦子的性和愛情方面裝得笨拙不堪。就像我說的：「要養大一個小孩，需要一村子的笨蛋。」所以我會做完全不酷的事，我唱濫情的愛情歌曲，我說我愛上紫色的暴龍邦尼或芭比。

有些孩子找到機會就脫掉衣服或坐在你的膝上蠕動，大人擔心孩子的遊戲不小心就觸及到性的主題，畢竟沒有人想被當做戀童癖或是孩童猥褻者。但這是一個兩難。孩子需要以遊戲來表現切身相關的性感受和困惑，才能發展出健康的性。但我們不能直接在遊戲中幫忙，不像我們能夠直接跟孩子玩學校遊戲來面對在學校中的困難。我們必須以比較安全的點出發。首先，我們提供很多健康而親密的接觸（這裡指的親密並非濫用、剝奪或是性的親密）。任何體能遊戲，運動角力或是在戶外奔跑，可以幫助孩子驅散多餘的性精力。孩子需要健康的身體接觸和體能遊戲，但大多數的孩子都沒有足夠的機會這樣做。另外一個好的遊戲活動是試著把別人襪子脫掉的遊戲。這是一個安全的方式來處理衣物穿脫的感受，而且很好玩。對有些人來說這個遊戲和性無關；但對另一些人這可能是一個象徵性地處理性的方式，但又不會讓任何人受到傷害或是抓狂。

在婚姻治療裡，我會讓夫妻玩一個類似的遊戲。我請其中一位告訴另一位：「我可以把我的手指放進你的耳朵嗎？」另一個通常會說：「好噁心！」或類似的回答。我要第一位拜託懇求，很快地兩個都會大笑起來。夫妻用安全和象徵的方式來玩出關於誰把什麼放在哪裡的遊戲。過去引發緊張關係的主題變成滑稽地發笑，結果是更好的身體關係。

邀請你所討厭的行為

一切順利時你會比平時更有專注力來邀請孩子做一些你無法忍受的事。例如，孩子吵架讓你受不了時，你問他們：「拜託你們吵個架好嗎？」或者請他們互相嘲笑，拿對方的東西，爭吵誰應該得到你的注意，或者抱怨誰的豆腐比較大塊，或者任何讓你抓狂的事。「你可以幫忙一下嗎？我要做觀察記錄。」通常他們不會照你說的做，但如果他們做了，假裝你是個新聞記者。以高昂的興致問他們問題，或請他們再做一次讓你可以研究一下。

邀請你所討厭的行為，這個點子是把困難的處境做一些扭轉。這個扭轉讓大人有機會想一下怎樣用更好的方式來解決問題，而它讓孩子出奇不意。「今天請你不要拿垃圾出去，你在電視前呆坐不動，可以嗎？」「我今天很想好好地爭論一下睡覺時間，你呢？」邀請是一種跟隨孩子的方式，因為你在回應他們的行為，但它也是主導，因為你把家庭中的互動模式翻轉過來。畢竟坐到地板上意味著加入遊戲，不是只玩我們喜歡的遊戲。邀請你所討厭的行為是把這個想法再往前推進一步。

有天我女兒邀請了九個女孩來家裡玩，因為太吵了，我帶她們去公園玩。回家的路上我對她們說：「最後一次尖叫的機會。」她們用九歲女孩的尖叫聲大叫了幾次，每個人都笑了。邀請尖叫不只讓她們心裡的吵雜釋放出來，還讓我稍後不用再提醒她們小聲一點。

如果孩子在你邀請之前就變得失控，你仍然可以玩這個遊戲。「嗨，我看你們在吵架！我可以看一下嗎？我覺得好有趣，你們這些做哥哥姊姊的好霸道，弟弟妹妹又鬼鬼祟祟的。」你可以做即時的旁白，一個遊戲中的遊戲。「哇，各位先生小姐，你看到了嗎？他躺在沙發上；他已經躺了三小時都沒有動了。可能會破世界紀錄了，不，他剛眨了眼睛；他可能準備好要移動了。」

遊戲的遊戲旁白是表達我們思考和感受的好方法。我們要不壓抑每件事，要不就全部吼出來。試試用遊戲的方式表達自己：「我正在看著一堆沒折的衣服。我正轉到這個在幾小時前就該折衣服的小孩。我又回頭看衣服。我要吸氣準備尖叫了。等一等，我冷靜下來了。」

幾乎每種我們討厭的行為都可以轉變成我們可以玩的遊戲。如果孩子不能遵守遊戲的規則，而你覺得困擾，可以玩「我懷疑」的遊戲，讓作弊取巧變成遊戲的一部分。如果他們說謊，就一起說一個漫天大謊。你會驚訝地發現，加入孩子的行為，讓它變成可以**一起**做的趣事時，問題竟然消失了。

我的一個朋友跟我抱怨他的孩子們有多沒禮貌，而他不知道該如何是好。我答應幫他帶小孩去公園玩，讓他休息一下。他們分別是五歲和十歲，很棒的孩子。我決定要把問題行為用遊戲式教養的方式來發明一個遊戲。其中一個孩子問我，我們要去哪個公園，我回答：「好沒禮貌，我不敢相信你問了這個問題。」他們兩個哈哈大笑。我又說：「接下來我猜你要問我的口袋號碼是多少了！」我根本不知道什麼叫口袋號碼，它是我編出來的。你大概可以想到接下來一個小時他們都在問我口袋號碼是多少，我跟他們玩起來，我假裝求他們不要說這麼沒禮貌的事，警告他們不可以在遊戲場問我的口袋號碼。他們當然立刻大聲地問，而我成功地以遊戲和笑聲而不是教訓來化解這個家庭中的問題。

用這種邀請的另一個好處是：它幫忙你脫離權力的拉扯。在餐桌上你不用說：「用你的餐具，不要用手。」然後陷入兩敗俱傷的權力爭鬥之中，現在你可以說：「好了，你們大家不要再說口袋號碼了，很沒禮貌喔。」當他們喋喋不休地說口袋號碼時，他們已經在用餐具吃飯，不再跟你吵餐桌禮儀的事了。

這些技巧帶來歡笑。邀請我們不能忍受的行為可以幾近奇蹟似地改變問題行為。當然，不是每一種加入遊戲或邀請都可以使問題消失。有時候獲得的是微妙的效果，改善的是自己在未來處理類似問題的能力和對該行為的觀感。換句話說，加入孩子或邀請你所討厭的遊戲有時改變的是遊戲，有時則改變了我們對它的看法。不管哪個都好，只要我們不再討厭他們所做的事。畢竟，討厭他們最愛的遊戲不但是對孩子的否定，也給自己帶來更大的困難。

第12章

接納強烈的感受

「突然間，它又變好玩了。」

——茹絲，四歲，輕微受傷但哭了很久之後說的遊戲式教養需要預期及接納強烈的情緒，從少許的挫折及不自在，到沈重的眼淚與絕望的哀傷。這些情緒是困擾大多數父母親的所謂行為問題的根源。孩子的遊戲也包括了快樂一點的情緒像是喜悅、興奮和熱情洋溢，就像「負面」情緒一樣，大人有時也很難處理。只要想想你曾經要孩子「鎮靜下來」而孩子仍然在大笑和興奮著。

在我談到情緒和孩子遊戲間的關係之前，我需要回過頭去談一談情緒。每個人都有各種的情緒，純粹的滿足和喜悅，或者難受——受傷、害怕、不好意思、挫折、沮喪、生氣、焦慮、嫉妒。當我們有情緒時，如果夠幸運，我們可以自在地表達出來，喜悅時充滿熱情，難過時哭泣，恐懼或生氣時發抖，困窘時大笑臉紅、挫折或憤怒時大發脾氣。不幸的是，我們都被禁止自由表達情緒。「你在笑什麼？」「這樣笑沒有女孩子樣。」「回你的房間，冷靜一點再出來。」「你沒事，你沒受傷。」「愛哭鬼！」「兇巴巴好可怕。」還有最有名的「男生不許哭。」或「你再哭我就給你好看。」

如果情緒無法自由表達，它要不就被封閉起來，在孩子長大時變成各式各樣的問題，或者它以間接的方式滲漏出來。孩子可能會把所有的感覺壓抑下來，而後在弟妹碰他們的玩具時爆發出來。父母離異或祖父母去世的孩子可能絕口不談這些事，但一轉身就去打別的小孩，對別人很壞，或拒絕做家事或功課。孩子會說「我討厭你。」，因為說「我好怕、我需要你。」的感覺太軟弱了。面對即將考試的焦慮，孩子會感覺自己生病了不能上學。大一點的孩子開始找到更強力的方法來隔絕情緒，像菸酒、毒品和任意的性行為。

遊戲式教養要幫助孩子找回表達情緒的能力，避免把情緒埋在心底或用難以捉摸的方式來宣洩。不表達或間接表達的情緒代表了孩子被困在無力感和孤立的高塔中。自信和連結良好的孩子能夠快樂地玩耍，或者能讓我們知道他們的感受。他們透過語言，或做直接的情緒釋放，或在遊戲中呈現他們的感受。

控制情緒相對於釋放情緒

我有次幫忙照顧兩歲的姪女。她爸媽離開時她開始哭泣。我過去要抱她，她卻躲在桌子底下不讓我接近。她叫我到外面去，我跟她解釋為什麼我得跟她在一起才行。我後退幾步，坐在地上陪她。我們一面對話，她一面哭。幾分鐘後她哭完，從桌子底下出來，坐在我膝上。「眼淚就這樣迸出來了。」她說。我們笑了。

「我們來看《灰姑娘》吧，裡面的後母很壞心。」她說。如果我當時離開房間，她就必須孤單處理自己的情緒。如果太靠近，她會過於生氣。我在適當的距離陪伴，讓她得以釋放和父母分離的痛苦，然後和我共享快樂的時光。很多大人認為哭泣讓人痛苦。我想這是為什麼我們總是抗拒流淚。當我姪女說眼淚迸出來時，她在表達要讓眼淚流出來有多麼容易，只要你不試圖去抑制它。

我們之中有很多人耗費許多心靈的能量來忍住情緒，還試圖要孩子也忍住他們的情緒。但情緒的驅力是釋放，不管我們多努力。結果是一場拉鋸戰，在釋放和抑制間的內心交戰。過度控制會爆發，或是形成壓力症候群，焦慮、暴力、憂鬱。當情緒爆發時，看起很像是**過度**的情緒表達，但實際的問題出在**沒有足夠**的表達才會造成最後的爆發。

對大多數的孩子來說，情緒的釋放很可能是當他們不能蓋好蓋子的時候。這是為什麼孩子在深夜時，或是當他們發燒時會有較多的情緒表現。疲憊或生病降低了他們的防衛，情緒便逃脫出來。他們因為擦傷膝蓋而哭了一小時：**既然已經開始哭了，不如順便把之前累積的也哭出來好了**。一個強烈的情緒，強烈到無法自容，因而帶出了早就想伺機脫逃的其他情緒。所以一陣的大笑會立即轉成滿溢的淚水，或剛好相反。這就是為什麼爆發的憤怒通常會包括一長串過去發生的事，和眼前被吼叫的對象沒有關係。感覺一旦開始出現便很難抑止，也就是為什麼有些孩子拒絕我們的安撫。

男人在抑制情緒方面承受了特別大的壓力，他們不能表現脆弱的情緒，也難怪他們無法忍受哭泣的嬰兒或是有情緒的孩子。一個對大學男生的研究發現，他們對一卷嬰兒哭泣錄音帶的反應，好似它比火警鈴聲還痛苦。如果有酒給他們喝，他們喝得比其他單純聽到噪音的男生更多。難怪很多對孩童的虐待發生於他們哭泣時。當我帶領家暴犯的治療團體時，這些男人描述女人或小孩的哭泣是一種無法忍受的不安，好像皮膚要被掀開。當然這些男人的攻擊行為只是引來更多的哭泣和恐懼，又使得男人想盡辦法要阻止哭泣。這當然不是家暴和兒童虐待的唯一情況，但它是很普遍的一種。在零暴力的家庭裡，眼淚和脾氣仍然是很巨大的力量，能讓人停擺。許多人會用盡各種方法來阻止哭泣：賄賂、威脅、嘲笑、拜託、斥責、隔離、妥協。如果我們可以接納這些感受，讓它們湧出，引發的焦慮反而減半。而當眼淚流完時，每個人都會好過一些。

留些時間給感覺

如果笑聲是遊戲的引擎，眼淚就是保持引擎順利運轉的潤滑劑。四歲的茹絲和她的表兄妹玩時手受了傷。我抱著她，她大哭幾分鐘。我檢查她的手，確定不需要醫療，只需要安撫。哭了一會兒，她告訴我剛才的情況，她立刻又開始哭了起來。幾分鐘後，她的表兄妹走過來，她緊緊抓著我。他們在一旁看著，他們一定對她的肺活量及我對哭泣的容忍感到訝異。

接著她別過頭去要躲避我的眼光。我輕輕地把她拉回來，提醒她：「很痛對不對？」她又哭了幾分鐘，把剛才的事再說一遍。在這個時候，她用明亮的眼睛看著我，然後看著她的表兄妹，然後看著我微笑：「突然間，它又變好玩了。」她爬下去繼續玩。我想大部分的人可能只會讓她哭完第一次，然後以為這樣就哭夠了。我抱她抱得久一點，提昇情緒的療癒，而不是告訴她忍耐一下就沒事。她只要再哭久一點，她就會真的沒事了。

孩子從我們這裡學到要縮短療癒的時程，盡可能快點把感受切掉，以至於未能完成釋放情緒的重要工作。一旦他們回到遊戲當中，他們可能還是會害怕、魯莽、覺得什麼都不對勁，或者很快就再受傷。我們需要幫助孩子完成釋放過去累積的哭泣或感受。他們當然無法把所有的感覺擠乾，但至少要讓他們能夠繼續活動，找到可以快樂的空間。為了達成這個目的，我們需要提醒孩子哭泣沒有關係，害怕或恐懼都可以被接受。這對父母來說不太容易，因為我們希望我們的孩子快樂（和安靜）！但幫助孩子釋放這些情緒對親子深層的連結會有所助益。

當茹絲坐在我膝上時，她告訴我她的手怎麼受傷的。之後，我提醒她可以去注意手真的很痛，她又再說了一次事情發生的經過。我想重複地訴說故事，除了有助於釋放眼淚之外，也促使她能快樂地再回到遊戲之中。這些都需要提醒和詢問。有時故事很短，我們可以要求他們多說幾次。孩子多半喜歡這樣；因為這代表了我們真的在乎。而且，當你重複一個故事時，它也逐漸不再刺痛。如果孩子太小，你可以試著幫他們說出故事來。「你在椅子上玩得很高興，然後砰，你撞到頭了。真的好痛。」

另外一個訴說故事的理由是它強化了你和孩子之間的關係。有親密的連結才能有健康的情緒表達。我們可以自己哭泣，但是在別人肩膀上哭泣的療癒效果卻更好。這是為什麼我建議不要叫孩子回房間自己哭，或讓他們自己哭到睡著。雖然陪他們哭泣、幫助他們釋放孤單和沮喪會花比較久的時間，但這些感覺是不會因為我們把門關上就消失不見的。實際上，我在治療一些八至十歲的孩子，這些孩子在嬰兒時期父母用了那種讓他們獨自哭到睡著的方法。大人將這些嬰兒的哭泣視為操控大人的方法，來逼大人抱著或陪伴睡覺。這些孩子現在卻因為恐懼、惡夢和擔心而產生睡眠問題。我幾乎想要任性地說：「我警告過你了。」

大人不去感覺的感覺

當情緒沒有被表達時，我把它們叫做「不去感覺的感覺」。不管我們多麼希望否認可以使它們消失，但它仍在影響我們。因為我們每個人都有自己一堆不去感覺的感覺，所以當孩子處於強烈情緒之時，我們會覺得他們好像在折磨我們，或是我們在折磨他們。聆聽孩子的情緒和表達自己的情緒是如此之困難，也難怪父母想盡辦法要讓孩子不要哭。這些辦法從柔性賄賂到大吼阻止。我之前到一個八歲男孩的家為他做遊戲治療，每一次我到達時正好是他的點心時間。我建議他母親不要在治療前給他吃甜食，因為很多孩子使用甜食來抑制自己的感覺，而遊戲治療是為了要把感覺帶出來。她雖然同意但不太明白。有次我因為時間安排上的困難，將有幾週無法前去做遊戲治療，離走前我跟男孩告別，我說：「三個星期看不到你，我會想念你的。」他尖叫：「媽！我要水果糖，**我現在就要！**」他媽媽終於明白我說的甜食和情緒之間的關連。

哭泣和發脾氣不是唯一使大人困擾的情緒。我們在孩子過於興奮或是活潑時也會很煩。也許是聲音太大，或我們擔心他們會打破東西。如果需要的話請他們到外面去玩，但不要禁止他們的快樂。等到他們整天懶散地在家裡走來走去時，你就會懷念他們兒時的精力。有些大人似乎容易被兒童這種快樂的情緒表達所困擾。

我們都會有一些自己特別難以接受的情緒。例如，當孩子鍾愛的保姆要離職時，父母很難能夠幫助孩子處理分離的感傷。他們可能嫉妒孩子對照顧者的依附，或者忙於找尋新的托兒場所。我的一個朋友告訴我他十一歲時全家要搬到很遠的地方。當他哭著跟保姆說再見時，母親卻十分憤怒。他不但沒有得到安慰和同情，還因為沒有對適當的人表達適當的情緒而受到懲罰。

在離婚的情況下，父母特別難以放下自己的憤怒和厭惡來允許孩子自由地表達他們的感受。父母無法不認為，你怎麼可以想念那個混蛋？或，你怎麼敢生我的氣。孩子對父母離異已經夠難過了，最後還得接受自己的情緒不會受到歡迎的事實。當然，即使沒有人想聽，孩子還是會有這些生氣、背叛和失落的感覺，因而產生各種行為問題，或變得退縮及憂鬱。像祖父母生病或過世時也是，父母自己已被失去的感受所淹沒，無法幫助孩子。如果有其他非當事者的大人可以幫忙跟孩子講話或遊戲，對孩子是最好的情況。

處理鬧脾氣和挫折

賈家來向我諮詢，他們家五個男孩中最小的是五歲，而小男孩在近兩年間常會鬧很大的脾氣，而情況越來越糟。每次當我聽到鬧脾氣的情況，我會問家長幾個問題。以下我用黑體字來代表我會問的問題。如果你的孩子發脾氣，試試回答以下這些黑體字的問題。

你覺得孩子用鬧脾氣來表達些什麼？

賈家不太確定這個問題的答案。他們認為他在找麻煩，或是已經養成壞習慣。當我堅持要他們把鬧脾氣解讀成某種訊息時，他們認為孩子在說的是，他很挫折，他比不上他的哥哥們。這可以理解。看到別人很輕鬆地做，但卻無法用自己的身體做到一樣的程度，的確很令人挫折。這是為什麼學步兒有那麼多的脾氣要發。但賈家的男孩已經不是學步兒了，他已經五歲。五歲的好處是，他們其實可以直接問他：「你想要說的是什麼？」他不一定能用語言表達，但還是值得一試。

在發過脾氣後，你的孩子會比較快樂、放鬆、有自信、有連結、合作或專注一點嗎？

很多父母忘了問自己這個問題。他們已經預設發脾氣是個問題，大概是因為它令人不快，更別提其他在商店裡的大人給的白眼。但孩子常在發了一頓脾氣後，又恢復原來的自己，就好像我們不吐不快一樣。發脾氣是孩子表達及釋放挫折的方式。一旦表達過了就拋在腦後。有時脾氣來自於對一份困難作業的挫折，發完脾氣後緊接著是突破性的理解、創造力和成就。彷彿鬧脾氣撞開了無力感的大門一般。如果他們不能表達挫折，或是因為發脾氣而受處罰，挫折就會持續干擾他們的快樂、合作的能力或成就。

李伯曼在她討論學步兒的書中說：「當孩子發現他的意志受到更大力量的阻礙時，他沒有什麼選擇，只能發脾氣。他還能做什麼？他的語言技巧還沒發展到可以明確表達自己立場的地步。他在家庭中的資源有限，他沒有任何東西可以拿來威脅、達到目的。而鬧脾氣，把自己摔在地上混雜著悲慘的哭泣和生氣的尖叫，是學步兒最有說服力的表現，雖然很少人能夠理解及欣賞。」

當較大的孩子卡在發脾氣的習慣中出不來時，他們雖然常發脾氣，但不會有雨過天晴的感受，反而感覺更糟，無從消除自己的挫折，因為從沒有人聆聽過他們的情緒表達。家人想盡辦法制止他們的脾氣，所以下次的脾氣又得從頭開始。或者他們被叫回自己房間孤立起來，沒有人分享這些深層的感受、並在之後和他們連結。信不信由你，我們所需要做的是讓一兩個脾氣自然發完，從頭到尾，不要打斷它。正如李伯曼說的：「在孩子發脾氣時，如果父母能夠在情緒上陪伴孩子，即使父母的立場是要堅決地拒絕孩子的要求，它還是能讓孩子學到，當他經歷心靈的暗夜時，他不會孤單地被遺留在那裡。」之後孩子可能會停止發脾氣，因為他們終於覺得自己得到了聆聽。

你們家對鬧脾氣的反應是什麼？

大多數的家庭習慣向鬧脾氣投降，或是絕不妥協，因為不想酬賞他們認為的負面行為。這兩種反應通常會招致更多的鬧脾氣，而不是終止。

第一種是投降，問題可能不出在發脾氣上面，而是我們因為方便而習慣說不行。而當孩子開始嘀咕或抱怨時，我們突然發現說「好」比較方便。而這教給孩子的是我們的不行沒多大意義，結果就是更多的脾氣，因為他認為這樣可以達到目的。如果你的回絕經過了周詳的考慮，那麼你應該堅持。如果你不是真的覺得不行，只是不想因為發脾氣而退讓的話，那就試著不要說不行。

另一方面，發脾氣可能幫助我們瞭解到我們並沒有很好的理由回絕孩子。但我們卡住了，不想和鬧脾氣妥協。這時我們得願意在自己不合理時改變心意。我們的孩子可以分辨兩者的不同：你是對尖叫投降，還是你是在深思後重新考慮自己的立場。如果我們從未在決定後改變一絲一毫的心意，我們也不是什麼行為一致的人。因為我們不過是拒絕考慮不同的觀點，或拒絕承認我們也可能會做錯決定。這些都不是我們想要示範給孩子的。

許多孩子在發脾氣時會被叫回自己房間隔離。或更糟地受到嘲笑或辱罵。如果孩子在公共場所發脾氣，我們會覺得丟臉，在家裡我們則覺得無助。孩子在當下是失控、充滿情緒的。他們需要一個有愛的人在旁邊不遠，在被踢到的範圍之外。我們可能會需要到外面冷靜休息一下再回來，讓他們知道他們的內心沒有什麼可怕到不能和我們分享的。

你們如何讓鬧脾氣收尾？

這個問題讓父母知道他們其實是有對策的，也讓父母看到他們在重複使用無效的方法。賈家的父母親曾運用特別時間，小男孩發脾氣的次數減少了，但沒有消失。我建議賈家除了讓孩子玩任何他想玩的遊戲之外，給小男孩一個額外的特別時間，針對他的挫折來安排。例如，「老師說」的遊戲給他機會來做主，給他機會來跟隨還沒有放棄他的人。另外一種特別時間是安排其中一個哥哥跟他一起遊戲，挑一個比較能夠配合弟弟節奏的。

既然大部分的鬧脾氣都發生在全家出遊時，我建議他們在出門前問他：「你今天希望怎麼進行？」用隨意輕鬆的口吻問，而不是諷刺或尖銳的。「當我們該回家的時候，你希望我怎麼做比較好？」「哥哥們想要做你不能做的事情時，你希望我們怎麼幫忙？」五歲的男孩可能無法回答所有的問題，但至少他知道你在想辦法讓他可以參與解決問題的過程。

我最喜歡用來防範鬧脾氣的方法，是當你看到事情要變糟時，嬉戲地跳上跳下。我會說像是：「我們有人需要大叫了，我要，還是你要？」或「大家都有點挫折了，我們來開咯咯笑大會。」咯咯笑大會就是一個人假裝笑，直到他真的在笑為止。

孩子鬧脾氣有遵循某種模式嗎？

如果我們停下來注意，這些不同的情況都遵循一個模式。我們對突發的脾氣已經夠心煩，以至於忽略它是如何形成的。我記得女兒還是個嬰兒時，她很討厭吃完東西後擦嘴。她會抱怨抗議，我則被激怒。她並不是每次都會這樣，所以有天我決定注意看是怎麼回事。當艾瑪和我看著對方，我給她看手帕，等她用可愛的一歲小孩方式伸出她的頭，一切都沒事。如果我太忙，抓了手帕就往她臉上擦，她就會大呼小叫。一旦弄清楚後就很好解決。我只需要確定我先跟她做好連結。

如果發脾氣是因為太多挫折，那令人驚訝的是，對孩子比較隨和的家庭中，發脾氣反而比較常發生。為什麼呢?當孩子很少得到「不行」的答案，他們把長時間的挫折儲存起來，當限制終於出現時，儲存的感受就隨之溢出。解決方式十分簡單。在特別時間時，捏造一些好笑的「不行」，讓孩子與這些假裝的限制一同遊戲。

處理憤怒的表達

對多數的家庭來說，憤怒的表達比發脾氣更難處理。處理憤怒最重要的是要**保持連結**。承認他的憤怒，用安撫的聲音說話，保持鎮定。堅持基本的安全要求，但不要走開或叫孩子離開，除非你需要休息一下來保持冷靜。不要強迫孩子恢復鎮定，或要他們回房間等到可以擺出好臉色再出來。他們有自己復原需要的時間，可能超出我們所能忍受的範圍。當憤怒緩和下來時，可以用輕鬆和嬉戲的基調慢慢讓他從生氣的感覺走出來，但不要讓孩子有被嘲笑或是受傷的感覺。

對於比較強烈的憤怒，像帶著怒罵、尖叫、搥打和扭踢，我們很自然地會不知所措，甚至也跟著生氣起來。我們常會以教訓、批評、辱罵、攻擊或是嚴重的威脅來反擊。這些大人常見的反應並沒有效果，因為孩子在生氣的時候是無法講理，或是好好地說話聽話的。在安全的情形下，他們只需要空間來發洩、喊叫和跺腳。如果他們在傷害別人、自己或貴重物品，他們需要被溫和但堅定地抱住。這不太容易，因為這種擁抱只有當大人鎮靜的情況下才有用。和他們溫柔地說話。不要把氣話或是攻擊的行為看成是針對你而來的。他們可能是在把別人罵過他們的話反映出來而已，這些話針對的是對過去所受的屈辱和不公平待遇。

許多兒童情緒的專家都認同憤怒的情緒包括了其他脆弱的感受，像是痛苦、失去和恐懼。孩子用侮辱、詛咒、暴力攻擊等構成的地雷區來守衛這些感受。生氣的鋒面是要預防這些比較柔軟的感受暴露出來。但生氣卻把那些可以幫助他們的人給趕走了。就像惠芙樂說的：「它不是公平或理性的行為，但當孩子感覺受到威脅或是無助時，他們就是會把生氣和不信任的感受投射在他們最親近的人身上。」如果我們可以記得在憤怒的外表之下孩子是受傷的，我們便能冷靜而堅持地為他們伸出雙手，我們的酬賞是他們比較願意把埋藏起來的感受直接表達出來。輕柔地阻止他們的抨擊，孩子會以眼淚、顫抖或言語來釋放他們害怕或脆弱的感受。如果你用最少程度的干擾，溫和地阻止暴力，孩子會用眼淚來取代暴力、威脅或尖叫，之後可以分享自己在生氣和好鬥底下的真正感受。

我並不認為這個處理憤怒的方式很容易做到。我們傾向於用吼叫、處罰、掌摑或打屁股的方式——端視我們小時候對父母生氣時所受到的對待。我們需要和其他父母談談我們自己生氣時的反應，才能真正有效地處理孩子的憤怒，稍後在第15章會談到。

處理恐懼和焦慮

我們不想要孩子害怕，所以會說：「沒什麼好怕的；不要那麼膽小。」或是：「如果你很怕，我們不用下水。」但恐懼很正常；它是人類的基本情緒，甚至是求生存之所需。在所有的瞪羚開始逃命時，還在安穩睡覺的那隻會先被獅子吃掉。我們需要幫助孩子發展的是勇氣而非無懼，自信而非強硬。你得先感覺到害怕才會有勇氣，不然你就只是魯莽和追求刺激而已。你也需要強迫自己做你所害怕的事，要不然你永遠都不會嘗試新事物。

在我們告訴孩子不要害怕的同時，我們也讓他們害怕。我們威脅他們，讓他們獨自一人、讓他們看恐怖片或夜間新聞。很多孩子被大人或其他孩子打過或欺負過，或者接觸其他種類的暴力。有些孩子不敢上學，因為在學校遇到了糟糕的社交處境，或者他們覺得自己很笨。總之，大多數的孩子帶著很多的恐懼，但卻沒有什麼機會表達。

這些恐懼導致了魯莽、焦慮、害羞和內向。魯莽的孩子需要有人幫忙他們，和他們一起爬樹，用冷靜影響他們，示範安全的冒險。當孩子害羞拘謹，他們需要的是有人透過遊戲把他們從殼裡拉出來。他們需要我們陪伴從溜滑梯上滑下來，多試幾次後他們才能自在地加入其他在遊戲場上的孩子。很多害羞的孩子是無法用典型的丟到水裡自然學會的方式，但也不能把他們永遠留在家裡或角落。

當人們焦慮時，他們感覺喉嚨、胸口或是腸胃的緊縮。那是因為焦慮其實是恐懼，一半卡在外面，一半卡在裡面。他們害怕，但是無法自由地釋放恐懼。焦慮是一種妥協。它不是純粹恐怖的完全表現，但也不是悠悠哉哉。目標要放在把卡住的恐懼一起釋放出來。遊戲、創造力和幻想都是幫助孩子的好方法。有些孩子用談論他們的煩憂來消除焦慮。更常見的是用遊戲。他們可能會有個幻想的角色不斷地遇到麻煩，然後一再地被拯救。他們花幾個小時設計和建造無敵的太空船，象徵性地保護自己不要受到傷害。小孩子可以對著解憂娃娃吐訴自己的煩憂。跟娃娃說話是同時用談話和遊戲的方式來面對恐懼。

藝術表達也是釋放焦慮或恐懼最好的方式之一。不管是唱歌、畫圖、跳舞、塑陶或寫作。「你畫的那個結如果會說話的話，它會說什麼？」「如果你肚子裡這些蝴蝶會跳舞，牠們會怎麼跳？」「你可以把你惡夢裡的可怕怪物畫出來嗎？」很多孩子不需要引導，就會把恐懼和焦慮帶到他們的遊戲之中。其他孩子則需要一些邀請。像是，「我們假裝去看牙醫。」或「昨天晚上真的好可怕；我們來玩好嗎？」

現在有些父母認為他們的工作是保護孩子不要受到任何傷害和危險，但這是不可能而且不必要的。我們需要的是提供他們力量、自信、技巧和與別人的連結。連結可以幫助他們面對傷害，甚至從傷害中成長。當然，我們要教導孩子基本的安全原則，試著排除重大的危險，但有些事像疾病或受傷是遠超乎我們能控制的。即使孩子有可能摔斷手腳，為什麼遊戲場還繼續存在呢？就是因為孩子必須遊戲，雖然遊戲中也有些許的危險。生命殘酷的那面──死亡、無家可歸、戰爭、貧窮、不公義、暴力對孩子來說十分可怕，但我們不能永遠給他們庇護。所以當這些主題出現在孩子的遊戲中時，不要太過驚訝。

面對孩子的哭泣

眼淚是好的。當我們用哭泣來釋放悲傷、失落和難過時，我們會好過一點，也能夠比較清晰思考，還可以復原，特別是當有另一個關心和同理的人在身邊時。多年從事治療的過程當中，我試著要幫助成人恢復哭泣的能力以便讓他們從創傷中有效復原，然而我們周遭卻圍繞著想盡辦法要讓嬰兒停止哭泣的人。人們似乎認為如果你讓嬰兒停止哭泣，你就讓他們的傷痛停止了。事實卻正好相反，你阻止了他們自然的療傷歷程，而傷害就在內心累積起來。

哭泣是嬰兒的第一種溝通形式，哭泣之後他們凝視我們的雙眼，微笑並發出聲音。阻止他們哭泣就好比叫他們閉嘴。當然如果他們哭泣是因為肚子餓、尿布濕或疲累，你需要餵食、換尿布或哄他們睡覺。一旦他們開心就會停止哭泣。但嬰兒常會以哭泣來表達自己，或者釋放他們從新的變化及經驗裡累積的挫折和緊張。

之前列出的幾個關於發脾氣的問題，也適用於哭泣。我也會請父母想想自己小時候哭泣時是如何被對待的？如果要我把處理哭泣的原則濃縮成一句話，那會是：請不要叫他們走開自己去哭。眼淚是強化兩人關係的好機會，特別是親子。沒有什麼比安撫一個哭泣的嬰兒到他在你懷裡睡著更令人滿足的。

眼淚和連結有關的徵兆是我稱做「往外窺視」的動作。正在大哭、發脾氣或把頭埋在你的肩膀上避免眼神接觸的人，偶爾會往外窺視一下。這是一個很美好的小動作。孩子哭上一陣子後，他們時常會往外窺視，做眼神的接觸。他們看到的如果是一個充滿愛而放鬆的大人，他們會回到專注的哭泣當中。不是因為他們看到你而變得格外難過，而是他們確定自己很安全，可以再繼續哭。最後他們可以直視你眼睛深處。如果孩子沒有往外窺視的動作，我們可能需要給予額外的連結接觸。跟他們說話。

往外窺視不能夠和孩子假哭時的動作相混淆。孩子假哭時偷偷往外看，是為了看大人對假哭的反應。假哭可以讓我得到我想要的嗎？有些孩子假哭是因為他們學到大人對哭泣會有強烈的反應。但有更多孩子假哭是因為他們沒有獲得足夠的安全感來釋放真正的眼淚。他們用假哭來試試自己是否會被接納。遺憾的是，大人對假哭的反應通常是生氣和拒絕。對假哭的最佳反應是遊戲，「嗨，我想你在假哭，你害我好難過，嗚嗚嗚！」

愛哭鬼這個詞相當不和善。它暗示哭泣是軟弱、不成熟和負面的行為。不管怎樣，似乎有一些小孩不知為何總是哭個不停。我們不知道原因不表示他背後沒有好理由，畢竟情緒不會沒來由地出現。我們最好不要擅自決定哪些哭泣值得同情，哪些應該忽略。經常哭泣的孩子可能是因為在哭夠之前一直被打斷，因而落入一種哭泣的循環當中，被視為愛哭的孩子。

孩子深層的感受困在心中，但真正的情緒過於強烈很難面對。因此孩子選擇一些小事來發作，「藉題」發揮。我正在解釋藉題的概念給我的朋友愛莉聽。我解釋得不太清楚，因為三歲的艾瑪在一旁吵著要吃冰淇淋。我們走進一家餐廳，點了艾瑪要的藍色冰淇淋。我告訴愛莉，艾瑪媽媽最近工作很忙，我覺得艾瑪有點挫折，雖然她表現得蠻不在乎。艾瑪堅決地否認：「我才沒有！」然後藍色的冰淇淋來了，艾瑪一看到它卻立刻哭了，她說她要的是另一種藍色，不是這種藍。她爬到我的膝上啜泣。愛莉懂了，「哦，這就是藉題呀。」她的眼淚無關藍色冰淇淋，而是想念媽媽。

停止哭嚷哀嗚的抱怨

我們全家和朋友一起去爬山。我太太和女兒走在前面，我和朋友及她七歲的兒子走在後面。男孩的身體左右擺動、不斷地哀求媽媽抱他，哭嚷著說他再也走不動了。我想你對這種聲音不陌生。在我看來那只是感受，並不是疲憊，所以我開始鼓勵他。我比較想做的是吼他，但大概不會有用。我相信孩子的感覺必須獲得抒解，不是關閉，但是，抱怨不太是真正感覺的表達，它像是空轉的輪子，孩子無法釋放感覺，也不能使自己快樂。

所以我試了個新方法。我說：「你發出的那種唉叫聲很像踩煞車的聲音。它會讓你走得更慢，很難爬上山。有另外一種講話的聲音是像加油一樣。」我用最愉快的聲音說：「我做得到；老石頭大石頭也阻止不了我。我不怕苦也不怕累。」他停止哭嚷開始爬山。當他又開始喃喃抱怨，我就會說：「等等，不要踩煞車，我們快到了。踩油門來加油。」我裝出油門的聲音，讓他跟著我做。就這樣他又繼續再爬。在某一刻他停下來，但頭一次用輕鬆的聲調說：「我需要休息一下。」我說：「哦，是停下來加油。很好，我們喝點水吃點葡萄乾。」之後我們一路爬到山頂，他引以為傲。我也是。抱怨不太有用，我們選擇用正面和積極的態度，我用愉悅的聲調來幫忙。

我討厭抱怨的原因是，它既不冷也不熱，不是魚也不是魚缸。它不是痛苦情緒的療傷釋放，也不是自在的快樂。因為我們曾禁止孩子直接的情感表達，他們大多無法自由地表達未經掩飾的情緒。但他們也隱藏不住，所以就以涓滴的方式流出來，像是抱怨、嫉妒、無聊和寂寞、破壞性的、胃痛或身體的毛病。父母的工作是幫助孩子用直接的方式釋放情感，特別是透過遊戲和連結。

當感覺不是一點一滴地跑出來時，它會選在意想不到的時刻爆發出來。很多父母也注意到，孩子會在慶生會當中、或是在度過美好的一天後失控或瓦解。因為快樂與溫馨的感覺使我們再也無法抑制那些眼淚。

透過遊戲鼓勵情緒的智能

這章的重點是強烈的情緒，你可能在想遊戲的角色何在。每個人都在談情緒智慧、情緒認知、情緒能力。某方面來說，遊戲式教養就是這一切，因為遊戲是孩子表達自己和情緒的方式。

情緒能力的意思是我們有一個情緒調光器，而不是一個非開即關的按鈕。在幻想遊戲中我們引介具有豐富情緒生活的角色。我們教導孩子怎麼分辨身體感覺和情緒間的關係。我有不少成人病患甚至無法查覺自己手心冒汗和心跳加快是恐懼的感受，或眼眶紅了是代表哭不出來的眼淚。

情緒能力還與孩子的發展階段有關，從直接反應，到透過遊戲，最後用語言來表達。沒有語言或遊戲來做為媒介，孩子只能用衝動的行為來表達：甩門、尖叫或打人。為了幫助孩子發展表達能力，我們詢問孩子的感覺、他們覺得別人的感覺為何，或他們的玩偶的感覺。

我們做父母的喜歡孩子加速，直接用語言來表達。但發展是需要時間的。另外，我覺得我們太過仰賴語言，要小孩「用說的」。孩子的語言可能發展成熟，但情緒卻還沒有。加上有很多情緒實在太強烈，無法用語言來表達。孩子光是說「我很生氣」或「我很難過」不代表他們已經充分表達自己。他們也需要哭泣或生氣。我也發現許多大人誤解了讓孩子表達情緒的內涵。他們認為不守規矩必須要被處罰。他們不知道孩子在那個時刻所做的是在表達他們的情緒，而你不能只是制止他們而不為他們的情緒尋找出口。

在孩子能夠學會談論情緒以前，他們需要學習如何把感覺在遊戲中表達。用畫的、編故事或跳舞來表達。遊戲治療師會說：「你用這兩個玩偶來告訴我事情的經過，還有你的感覺是什麼。」用遊戲來發展情緒能力的另一種方法，是假裝出某一種孩子無法表達的情緒。「我好生氣！我要打枕頭！」用誇張的方式表達出他們所否認的情緒。

還有一種遊戲叫做「情緒熱鍋」。規則是你試著將不想要的情緒傳給別人。我們大人常常這樣，我們生氣時找個人吵架就會好過一點。把它變成遊戲，例如有一個因為魯莽而經常受傷的孩子，在受傷時會不願意去感覺疼痛。我會試著讓他叫「唉喲」。當他不想再叫，我幫他叫的時候會使他發笑。做為遊戲式教養的家長，我們能夠給孩子更多有效的方法來面對他們的情緒。

第13章

重新思考管教的方式

「世界上有許多可怕的事。但最糟的莫過於孩子懼怕他的父親、母親或老師。他害怕他們，而不是愛和信任。」

——柯爾恰刻醫生

遊戲式教養的基礎是尊重孩子，以及他們對世界好奇的態度。如果孩子快樂，我們也快樂，要談尊重就相當容易。如果孩子不快樂或是當他們讓我們不快樂，一切就變得困難。當孩子扯貓尾巴、打朋友的頭、不做功課或是酒醉回家時，我們必須做些處理。我反對放縱，就像我反對處罰一樣。處罰和威脅不會有用，我們還有其他更好的方法。用一種新的方式來看待管教和孩子的行為，我們會看到親密、遊戲和情緒理解遠比處罰、行為矯正和放縱來得有效。

對管教的新思考

- 冷靜下來
- 連結
- 以「到沙發去談」取代「罰站」「回房間去」
- 遊戲！
- 培養好的判斷力
- 看到孩子表面下的情緒和需求
- 預防而非處罰
- 瞭解你的孩子

冷靜下來

有效的管教很難在激動的當下執行。在我們試著要處理問題時，數到十、休息一下、等幾個小時平靜下來、打電話給朋友。我們當然也會有情緒爆發的時候——踢到小腿，檯燈破掉，姊姊又去作弄嬰兒了。但爆發的情緒不能做為對孩子的回應。**冷靜下來**。

跟其他父母談談是一個讓自己冷靜的好方法。他們能瞭解做為父母的生氣、擔心、激動和挫折，也讓我們瞭解自己並不是唯一想打小孩的父母。別的父母可以幫助我們認清現實及給予支持，卸下挫折和憤怒，讓管教變得比較容易。

我不敢相信時至今日仍有人在打小孩，但這是真的。有些父母打孩子是因為他們壓力過大，有些則認為肉體的處罰是管教的必要手段。有些人認為好的處罰不會傷害孩子，但研究的結果並不支持這樣的論點。我約略地總結一下關於體罰的研究。打孩子會使他們更具有攻擊性、反社會化，更有可能進監獄或有嚴重的情緒問題。另外一些處罰和體罰一樣糟，羞辱、責罵、挖苦和威脅所留下的情緒傷疤比瘀青更持久。即使我們不打孩子，仍應該在決定如何處理問題前先冷靜下來。

連結

你應該已經發現到，我認為多數的「行為問題」實際上都是連結斷裂產生的問題。感受到連結的孩子會願意體貼合作。使用處罰只會帶來親子之間更嚴重的隔閡，不如想辦法重新建立連結。你上次擁抱孩子、給他特別時間是什麼時候呢？他們的杯子空了，還是你的空了？你注視他們的眼睛，看起來是不是空洞的？重新連結可能需要一個擁抱、寧靜的相處時光或是在戶外奔跑？對於比較嚴重的問題，我建議沙發上的談話時間。多數的處罰都是對孩子施加壓力，會增加孩子的孤立和無力感。到沙發上談可以建立連結，給孩子力量。同時，也讓我們能更有效地管教，教導孩子價值和規範。

以「到沙發去談」取代「罰站」「回房間去」

當問題出現時，父母或孩子都可以召開沙發會議。地點不一定是沙發，可以是任何地方。唯一的規則是當有人說到沙發去談時，另一個人一定要出席。當兩人都出現後，任何事都可能發生。你可能嚴肅地談論問題，或是想辦法做連結。孩子可能會釋放他們壓抑的眼淚，談談他們困擾的事情。你可能會先抱怨，然後再給他們機會說話。你可能會重複你的基本要求和規則，例如不准再作弄弟妹，或是共同負擔家事。有時改變一下優先順序，決定先做連結再談問題，結果會很不一樣。在彼此都準備好回到常軌之前，試著就留在沙發這裡。

這個方法和罰站並不相同。這裡沒有權力的拉扯，不用爭辯還要站幾分鐘，不用把孩子拉到牆角站好。它不是大人對孩子施加的處罰。沙發會議不單是為了行為問題而已，你注意到孩子心情不好，或你們需要決定到哪裡度假。通常當大家離開沙發時心情都變好了。

在遊戲式教養裡，管教是改善親子連結的機會，而不是在兩者之間再加一道牆。要在管教中加入連結最好的方法，是把行為問題看成是**我們的**問題，而不是**孩子的**問題，事情也比較好解決。如果父母不去擔任警察或裁判的角色，孩子不用撒謊（「我沒有！」），也不必狡猾（要怎麼做才不會被抓到）。如果問題是大家一起來解決的，也會得到更多的合作。

當我談到暫停的方法（像罰站或是到房間反省）都是處罰時，家長都會很驚訝。這兩者並沒有辦法帶來連結。它當然比打小孩來得好，但也讓原本已經感覺孤立的孩子更加孤立。

有次我開車去接朋友，在樓下等他時我聽到收音機裡的專家正在談論管教方法。他說想要和父母同睡的孩子應該要被鎖在房門外，就算他們縮在門邊睡著也不能讓他們進來。我的朋友上車後問我：「哦，你在聽訓練狗的節目嗎？」現在的狗專家很多也都瞭解動物對安全感的需求，更何況孩子。

暫停被視為控制行為的方法。但是在運動競賽中，你只能為**自己**叫暫停，不能幫別人叫暫停。這種讓每個人都有機會休息一下的暫停是個好方法。在我女兒的學校裡，如果有即將爆發的衝突，老師會說：「停，大家後退一步。」然後將遊戲重新導向。這種暫停不是處罰性的，也不是孤立性的。暫停也可能是休息，讓孩子到一個溫暖的角落獲得安撫和寧靜。

當我提到連結，給孩子一些注意。你可以聯想到人們常說的：「不要理他，他只是想得到注意。」之類的話。如果孩子想要得到注意力，而我們卻忽略他，就好像是說：「我知道他的杯子空了，我要想辦法不要加滿它。」如果我們給的注意力是好的那種，他們就不會胡亂尋求壞的那種注意力。

對少數的孩子來說，暫停給他們冷靜和反省的機會。但對多數的孩子來說，它是一種折磨。他們需要接觸，害怕分離，他們為了抗拒處罰所引起的麻煩反而更多。他們在罰站時想的並不是自己做錯什麼，比較可能在想要如何報復或是怎樣不要被抓到。他們可能會哀求地承諾不會再犯，但他們還是做不到。這種承諾是基於恐懼，但行為本身可能不在孩子的控制範圍內。對這些孩子來說，沙發會議可能更有效果。

我說過多數的處罰阻絕了親子的連結，確實如此。但有時處罰會**獲得**孩子的注意。要和孩子連結之前，你得先獲得他們的注意。孩子可能需要聽到大聲的吼叫，或感覺到有人把手放在他的肩上，或看到你正注視著他，然後才能把注意力轉到我們身上。記得，目標是獲得注意來做連結，不是要進一步威脅或驚嚇他們。一旦你獲得他們的注意，你用這個基礎來做真正的連結，你會得到合作而不是怨恨或暫時的服從。

家暴犯絕大部分都曾經是暴力的受害者。除了暴力和處罰外，他們在早期生命經驗裡沒有人給予溫暖和親切。這些人可能並不可愛，但他們小時候都跟你我一樣是普通的小嬰兒。當他們開始走上錯誤的道路時，他們沒有得到愛或溫和的引導，只有更嚴酷的處罰。我們猶豫地不敢愛那些已經不乖的孩子，即使這就是他們需要的。

遊戲！

許多父母不能想像遊戲是一種管教的方法。管教應該是很嚴肅的事。別相信這種說法。我的朋友羅傑告訴我有一次他們全家去參觀一個歷史古蹟。要離開時突然下起傾盆大雨，幾個家庭就被困在一個小穀倉內。其他幾個孩子開始無聊，動手要把牆上的灰泥刮下來。他們的父母怒氣沖沖地吼著威脅他們。這些孩子沒有電視和玩具來娛樂他們，只能抱怨和找麻煩。他們的父母只知道能用大吼和處罰來回應。羅傑建議他的孩子們來玩猜動物的遊戲，邀請其他的孩子加入。很快地每個人都很開心地玩著。他們需要的只是遊戲而已。

如果孩子在吃飯時吵著要吃點心，你可以扮演嚴格的母親不給孩子吃點心，也可以扮演隨和的媽媽說：「我們吃過飯有冰淇淋喔。」如果你為執行常規頭疼不已，訂一個你不在乎的規定，跟孩子玩打破規則和處罰的遊戲。不用再跟孩子說：「你一定要穿衣服，現在就去。」你可以試著說「只有一個規則：你不能穿一隻紅的一隻黑的鞋！」看看會怎麼樣。我保證這不會訓練他們去打破規則，只會讓他們更合作而已。

一般來說孩子並不需要一些特別的遊戲，他們只是需要玩得更多。有些所謂的行為問題可以立刻獲得解決，只要孩子能有個安全有趣的地方玩到累為止。在學校裡男孩會被罰不准下課，但如果他們已經無法安靜坐好聽課，不能下課活動只會使情況更糟而已。

在管教時用遊戲的聲調會比嚴苛的聲調有效，特別對男孩來說。有天我在超市看到一對父子。男孩設法要把自己想買的東西放進購物車，排隊結帳時，他又放了一條糖果。父親用嚴厲的聲音說：「放回去，你不能買。」孩子低著頭把糖果放回去。父親的聲音變柔和：「至少你努力過了。」他對男孩微笑。「要幫我拿零錢嗎？」父親問。男孩臉上露出了笑容。

這位父親不只將自己原來的怒氣收回，還用了更有效的方法。他加入了孩子的遊戲，察覺出他想要一些自主性，於是給了他一個工作，讓他幫忙拿零錢。如果父親用的是斥責的方法，孩子只會有被誤解、渺小和憎恨的感覺而已。

這個故事讓我想到我最喜愛的遊戲式管教，我會說：「如果你再做一次，我就要唱『一閃一閃霓虹燈』了。」這個策略是用**假裝**生氣來舒緩緊張的氣氛，讓我們卸除一些情緒，而不是把它們倒到孩子身上。如果你回顧遊戲式教養法的這些原則，你會看到它們可以適當預防及處理家庭糾紛。加入孩子、與孩子連結、玩角力、跟隨他們的帶領、調頻來注意孩子、一起遊戲。用一些不同於往常的回應：「你又打翻牛奶了嗎？我要跳打翻牛奶舞了。」

在急著處罰孩子的當下，我們忘記管教的最終目的是要**教導**。記得一歲小孩會把食物從桌子推到地上去？他在學習地心引力。大一點的孩子會思考自由論和決定論、因果關係。事情是自己發生的，還是我讓它們發生的？如果我推小明去撞大華，到底是小明讓大華跌倒的，還是我呢？孩子透過遊戲來學習許多類似的概念。我喜歡幫助孩子來理解這個問題的方式，是抓住他的手來輕輕地打別人一下，然後我說：「不可以打人，這是不對的。」當他們正在學習這個概念時，他們會覺得好笑極了。如果在他們學會這個概念以前就處罰他，我們並沒有教導他們學習。

我認為很多父母不想在困難的情境使用遊戲式的管教，是擔心它會成為對壞行為的獎賞。**我一定要生氣、嚴厲而冷酷，這樣他才會知道自己做錯了**。但是遊戲的方法並不是獎賞或是處罰，而是把缺少的元素補齊而已，這個元素叫做連結，缺少連結才會有這些問題。鼓起勇氣試試遊戲式教養。你能更有效地教導孩子價值，讓孩子合作地遵守規則。

培養好的判斷力

與其試著讓孩子服從，不如讓我們努力培養出孩子好的判斷力。服從只有當我們與孩子同處一室才有效果。它並無法幫助孩子學到如何在新的情境下處理類似的問題。我想每位父母都有過這樣的經驗：孩子做的事情離譜到我們根本沒有這樣的家規。我們仍然處罰了他們，因為他們「應該要知道」。但如果我們只教他們遵守既定的規則，又怎麼能期待他們有彈性地運用智慧分辨新情境裡的對與錯呢？世界對孩子是如此複雜，他們需要認知能力和好的判斷力，不是規則而已。

大部分的處罰要的是服從。好的判斷力是透過與孩子談話，腦力激盪不同的處理方式，討論道德兩難而來的。在和孩子討論之前，我們需要有和孩子相同的波長，所以先做連結。當孩子做錯一件事時，先與他做連結，聆聽他們的感受，平靜地訴說我們的感受，然後再注入好的判斷力而不是處罰。

孩子長成體貼、考慮周到、誠實和仁慈的大人，是因為愛和情感、高道德標準，以及與一位力行這些價值的人保持關係。因為人類能夠思考講理，因為親密的連結對我們的重要性，運用愛和談話來做為管教的基礎是更有意義的。

行為的改變技術試著要繞過思考，直接跳到我們對獎賞和處罰的反應。這可能是為什麼它們的作用有限。我的朋友露西用獎賞來讓兒子停止負面行為，結果負面的行為卻**增加**了，因為他想要有更多機會可以得到獎勵。另一種常犯的錯誤是試圖用獎懲來制止孩子無法控制的行為。例如，不管如何懲罰新生兒，他還是無法停止哭泣。我還看過孩子因為學不會一種數學題目，或不能安靜坐好，或專心看書沒有聽到大人喊他而受到處罰的。這些都是孩子可能無法改變的事情，不管為了得到一百萬或是為了避免被打。很多父母不斷地在找更有效的處罰方式，但其實我們更應該做的是重新考慮處罰的意義。

大腦的研究告訴我們處罰對不同的孩子有著不同的影響。令人驚訝的是處罰對那些最可能受到處罰的孩子卻是最沒有效果的。也就是說，某些孩子比較容易衝動、比較難發展出是非意識、不容易和其他人產生連結或感覺到自己是團體的一分子。這些特徵又使他們不易因為處罰或懼罰而改變行為。在這些孩子身上施加的處罰越來越重，但還是沒有作用。另一些有強烈是非概念或是討厭惹上麻煩的孩子，處罰也沒有必要。只要他們清楚行為的期待，他們就能控制自己。

不守規矩的孩子需要的是不是處罰，是他人協助自己變得有組織有條理。這不是指井然有序的房間，而是指接收資訊、組織有效回應的能力。大多數的處罰使孩子處於更混亂的狀態。幫助他們整理自己，給孩子絨毛玩具、毯子、枕頭和一個安靜的空間。抱著他們坐在搖椅上、盪鞦韆、擁抱或靠近他們。對年長一點的孩子也同樣有效。失序的行為一部分是因為在嬰兒及幼兒時期孩子沒有足夠這類的安慰和節奏。對大一點的孩子來說，有組織的作息、藝術創作和安全的打鬧遊戲，都可以做為培養這類認知組織能力的工具。

看穿表面下的情緒和需求

如果我們以孩子的需求和感受出發，我們就會採取完全不同的管教方式。想像你孩子的行為是加了密碼的訊息（而確實如此）。解碼的方式是將他們的動作翻譯成以下的句子：「我需要＿＿」或「我感覺＿＿」。把空白填上後，針對其需求和感覺做回應，而不是針對其行為。如果學步兒把桌面上所有的東西扯下來，他可能是在說：「我需要有事可做，有人可以幫我嗎？」如果國三生開始忘記做功課，他可能在說：「我很怕，我要升高中了，我不知道自己準備好了沒？」你不一定能正確翻譯，但是想辦法弄清楚這些困擾你的行為底下是什麼需求和感受，對事情還是有幫助。它也挺有趣，至少比單是挫折和激動好一些。

以下是一些符合許多問題情境的共通翻譯：

- 你覺得無聊嗎？你一定覺得寂寞吧。我們來玩遊戲，或者我們請別人來家裡玩。
- 我看到你越來越挫折了，我要給你一些鼓勵。
- 我們最近不太有時間在一起，這可能是你一直煩人的原因。我們來做一些特別的事情吧。
- 你看起來有點難過，我來安慰你。
- 你需要一些活動的空間，消耗一下精力。我們到外頭去吧。
- 你好像在生氣，我幫你拿一個枕頭，你來用力打。
- 你一整天都在想辦法要引起我的注意，所以我要把書放下十分鐘，我會專心地給你一些注意力。

- 你不太能安靜地坐好。我們來跳舞！
- 你看起來不知所措。我來幫你冷靜下來。一起來做三次深呼吸。
- 你最近對弟弟脾氣不好。你怎麼了？我想知道什麼事在困擾你？
- 你似乎有點暴躁易怒。我們來吃點東西看看會不會有幫助？

注意到這些翻譯都無法合理地導出使用處罰的結論。以下都是些不合情理的說法：你感覺很糟，所以我要對你大吼。你覺得寂寞，我要叫你回房間去。你覺得和別人斷裂，所以我要打你。你覺得餓，我要把你的玩具拿走，不要餵你。很可笑吧！處罰的出現是因為我們自己的感覺：我覺得生氣，我要吼你。我覺得挫折，所以我要發脾氣。我覺得害怕，所以我要恐嚇你。我今天過得糟糕透了，所以我要找你出氣。

當孩子很「壞」時，父母很難記得他們需要的是安慰而不是處罰。如果你注意的是表面之下的需求和感覺，不要對表面行為做反應，事情就比較清楚。沒有人死於缺少處罰，但嬰兒會因為缺少愛而死亡或生病。給孩子他們所需要的，才是改變行為的最好方式。在最基本的層面上，我們對孩子惱怒而忘了去問一個真正重要的問題：孩子不快樂嗎？如果是，為什麼呢？

只要我們看穿孩子的表面行為，我們也可以檢視我們表面行為之下是什麼。當孩子不守規矩，讓我們擔心或傷心，我們自然會生氣憤怒。用這種感覺來管教孩子時，我們更有可能會處罰或吼叫。事實上，如果我們夠誠實，我相信我們會發現很多的管教只不過是出於自己的感受而已。

當孩子傷害我們的自尊或煩人時，我們用報復的感覺回應。當孩子無法符合我們的期待時，我們用生氣的感覺回應。當我們過得不好而孩子又在吵鬧時，我們用挫折的感覺回應。我們聽到哭泣、恐懼或鬧脾氣時，我們覺得易怒。當小孩跑到街上時，我們打他們屁股，因為我們有恐懼和罪惡感，覺得自己沒盡到阻止的責任。青春期男孩穿耳洞，我們暴怒以對，而不是冷靜反省他們已經長大的事實。與其用自己的感受來反應，不如去檢視孩子的感受和需求，然後與孩子談話。也許我們也需要一個高大的托兒所老師跟在後頭提醒我們：「用講的好嗎？」

預防而非處罰

處罰無效的原因之一，因為它是後見之明。我們需要的是預防和打斷，而不是事後的反應。我姊姊黛安為托兒所做諮詢，一個男孩有打其他小孩的問題。他們試了各種處罰仍然無效。黛安坐在一位老師旁邊，老師說：「你看，他在那裡，他準備要打那個女生了。」老師看到了，卻只是讓他這樣做，接著再去想要怎麼處罰他！黛安說：「哦，不，他不會的。」她走了過去，抓住男孩還沒放下來的手。男孩很生氣，黛安則溫和地告訴他，她不會讓他打那個女孩。剛開始他以為她會打他——你應該不會太驚訝，因為男孩在家裡會被打。後來他發現她只是溫柔地抓住他的手，他開始哭了起來。有史以來第一次，他哭著說在學校沒有人喜歡他的感覺。老師沒有能夠用預防或是感覺的角度去思考，因為他們陷在處罰的觀點之中。防範破壞性的行為並非處罰。它是界限。界限幫助孩子獲得控制，表達他們的情緒，而且思考自己正在做的行為。在聽到男孩的挫折和寂寞後，老師們才能夠幫助他發展更好的友誼關係。

學校嘗試的所有處罰只是讓男孩拒大人於千里之外。但有效的管教是打斷行為的模式，讓他赤裸裸地面對自己的感受。有效的管教會引出談話和連結；無效的管教導致羞恥和分離。我們的工作是在必須約束孩子時，也專注孩子的感受。這並不容易，因為我們在約束孩子時也有自己生氣和煩躁的感受。但冷漠和嚴苛會增加孩子的孤立和無力。因此，和孩子做眼神接觸、輕聲地說話、盡可能地輕抱著他們，自己太激動時則暗自深呼吸幾下。

我想不用再多加強調，遊戲式教養是我所知道最能預防行為問題的方法。越是花時間和孩子一起玩，你越不需要去想處罰或其替代方法。

瞭解你的孩子

當我看到人們處罰他們的孩子，在我看來，孩子們所做的事以他們的年齡而言是十分正常和普通的。學步兒鬧脾氣、不會分享。幼兒坐不住。八歲孩子在穿堂裡奔跑。青春前期的孩子說：「我討厭你。」我們處罰孩子把東西弄得一團亂，太吵或太自私，累時脾氣不好，太衝動——簡而言之，他們因為太像小孩而受罰。受到處罰或責罵並不會使孩子提早成熟或跳過一個發展階段，反而可能延遲發展。當然，我們還是必須管理這些行為，幫助孩子邁入懂得分享、安靜走路或有禮貌的下一個階段。

我們還會因為孩子與我們不同而處罰他們。我們喜歡趕時間；他們喜歡浪費時間。我們安靜地坐著；他們不停扭動。他們喜歡房間亂成一團；我們喜歡整潔。我們喜歡寧靜；他們喜歡吵鬧。我們只是不同，但猜猜看誰受到處罰？只因為我們比較大，我們就可以隨便把煩躁的感覺反應在行動而不必付出代價。我們對孩子最煩擾我們的部分加以處罰。

當孩子大到不能罰站時，我們就用禁足的方法，拿走他的手機、電話或不准他看電視，減少他用電腦的時間，威脅拿走他的玩具。這些處罰只是引發憎恨和衝突，並不能幫助孩子發展出更強的道德感。當然你也會看到有孩子無法控制自己花在網路、電話或電視上的時間，他們需要的約束並不等同於處罰，因為這是親職工作的一部分，是我們瞭解孩子與否的問題。

瞭解孩子的意思是我們知道他們對不同管教方式的反應。對我孩子有效的並不一定對你的有效。但所有的孩子都會對過於嚴格的管教產生恐懼。在這章開始我引用柯爾恰刻醫師的話。他在波蘭擔任一所孤兒院的主任。有次他對一群師資培育的學生演講，帶了一位四歲的院童一起去。他讓學生觀察，要學生記得當孩子面對一群陌生人的恐懼時心跳有多麼快，如果大人對他生氣，他的心跳會更快，而當他害怕受到處罰時更是無可比擬。他要他們不要忘記這個時刻。

給孩子清楚的界限

有些家庭過度依賴嚴苛的管教，有些家庭又太過放縱。孩子需要界限、導引和秩序，用愛和放鬆的態度，而非憤怒或報復。我們多半以為自己必須在「嚴厲」和「放任」之間選擇。但我們可以約束孩子，對孩子有高標準，但同時能同理他們的感受，同情他們的需求。

首先，我們必須瞭解真正的需求以及不切實際的需求之間的差別。迎合孩子的每一個念頭並不等於滿足他們合理的需求。餵飽飢餓的嬰兒並不會寵壞他，給孩子注意力、愛和安慰也不會寵壞他。當孩子有需要時，滿足他。這不等於把他們從頭到腳服侍得好好的，特別當孩子長大一點時，因為他們也有獨立、自信和成熟的需求。我們也必須要滿足這些需求。

當我們基於尊重孩子的選擇給孩子某樣東西時，這並不是在寵孩子。畢竟我們是家庭裡控制資源的人。他們必須跟我們要東西，而我們並不需要。另一方面，如果我們給孩子某樣東西只因為我們害怕他們的情緒反應，或因為自己的罪惡感，那我們走上的道路正是太過放縱。寵壞孩子的真正原因是**違反自己的良好判斷**而屈服。我們不能忍受他們有任何沮喪、生氣或挫折的感覺，或者我們只是不想聽他們哭嚷，我們便退讓了。

社會變遷的過程，總會有保守人士主張嚴苛紀律，拒絕史巴克醫生（Dr. Spock）時代的隨和。他們沒有抓到重點。真正的問題不在鎮壓或放縱，孩子需要的就是連結才能夠有道德、負責任、做個快樂的社群分子。打或寵都缺少了大人與孩子之間真正的連結。嚴格的父母忽略孩子有自主抉擇的能力，放縱的父母忽略孩子有對家庭貢獻的需求。

這兩個極端竟然有一個令人驚訝的類似性，那就是他們都無法忍受孩子的哭泣和脾氣，一個用的是處罰，另一個用的是退讓。結果阻止不了的是情緒的脅迫勒索，孩子成為操控他人的能手或反叛之徒。

太過隨和放縱的父母經常以為自己是在培養孩子的力量。他們可能讓孩子說謊、偷竊、不做家事或整天悶悶不樂而不用承擔任何後果。所有的孩子都能從高期待中獲益，特別是道德及努力勤奮上的高期待。如果大人不能提供孩子堅定、清楚的界限，孩子會覺得自己的權力無邊或完全無法做主。結果是無盡的挫折或是恐懼。如果界限是用愛及尊重的方式傳達，它能提供秩序感及安全感，可以幫助孩子對自己的衝動比較不感焦慮。界限也幫助孩子在面對世界上其他的危險時有較多安全感。

惠芙樂談到界限和聆聽間的關連：「給予界限，然後聆聽孩子不好的感覺傾流而出。」但通常的情況是，大人沒有給孩子約束和界限，或者用生氣的方式來傳達。或許，因為我們不想聽到孩子的反應，所以根本不想約束他們。父母要投注自己的情感，知道界限能提供孩子沮喪或生氣的機會。如果界限和要求是合理的，不要因為情緒反應而放棄。聆聽就好。

在我的工作中經常聽到放縱型的父母在自己無法忍受時對孩子大發脾氣。然後他們又有罪惡感。這讓孩子感到困惑。因為他們聽到不行這兩個字，都是在父母生氣的時候。結果就是，這些被縱容的孩子會在少數不順心時也發起脾氣來。孩子所需要的是聽到愛和溫柔的不行，而不是帶著憤怒和暴躁的。

在一些家庭裡，孩子的挫折是用鬧脾氣和失控行為來表達，接著是父母的暴怒，然後哭泣、和好、道歉、擁抱和冰淇淋。這個循環變成一個習慣。父母認為他們給的是處罰（大吼），但從孩子的觀點是獎賞（吼叫後的退讓）。如果孩子不知道如何得到退讓，那麼他們就先引爆。

在放縱的家庭裡，界限是不斷移動的線。父母可能會經常說不，但他們無法堅持（除了剛才提到的情緒爆發之外）。我們必須將不行兩個字留到我們真正需要的時候，然後堅持地執行。這代表了你可能需要動手制止孩子去打弟妹。也可能表示你得坐下來看著他們完成作業。也表示我們不能告訴他們該怎麼做，然後走開，不在意他們到底做完了沒。

空洞的威脅會對孩子造成焦慮。我們知道自己不會把他們留在超市裡，但孩子並不確定。用膽怯的聲音說「停停停，請停下來。」對孩子亦會造成困惑。孩子仰賴**我們**提供明確的界限，直到他們發展出判斷力為止。懦弱的哀求暗示了我們不能提供這種安全感。有些家庭則在放縱和處罰之間徘徊。說了二十次無效的要求後，突然憤怒地尖叫：「我跟你說了二十次該走了。」但前面的十九次不算數，而孩子也知道。

記得最重要的一件事便是，每個人都需要一個加滿連結和親密感的杯子。每個人。最後這個故事即是一例。

意外的英雄

我坐在墨西哥一個小島的餐廳裡。面前一桌是三個快樂的男人邊聊邊笑地喝著酒，另一桌是互不說話低頭沈悶飲酒的兩個人。兩人之中的其中一人默不作聲地離開，留下了另一個人。這個獨飲的男士身材魁梧，他突然轉身向另一桌的人說了些髒話，聲音單調了無生氣，每隔二、三十秒他就回頭重複一次。另一桌的人則以嘲笑、哀求、辱罵或忽略來回應，但起不了任何的作用。最後，三人之中的一人，我意外的英雄，對著他說：「嗨，過來這裡。」

壯漢弄不清楚這是不是要打架的意思。他緩慢地站起來，故意拖著步伐走過來。我緊張地後退一些，害怕被捲入群架之中。

但什麼火爆場面也沒有。英雄說：「不是，你要帶你的酒過來。」並從我的這桌將一張椅子轉向，拍拍椅墊請他坐下。之後他在談話中不時邀請壯漢開口，拍他的背，讓他融入圈子當中。大家又回到了談笑風生的畫面。

我坐在那裡驚嘆不已。我告訴自己要永遠記得人們只是需要親近，不管他們用多瘋狂和愚蠢的方式來表達。而就像大部分的人一樣，我還是會忘記。

第14章

以遊戲度過手足間的敵對競爭

有一天，林肯的鄰居聽到街上傳來小孩痛苦的哭泣聲，他驚呼著衝出房子，卻瞧見林肯和他兩個兒子。兩個小孩正啜泣著。「小孩怎麼了，林肯先生？」鄰居問。「就和世界上所有的問題一樣。」林肯無奈地回答：「我只有三顆核桃，而每個人都想要得到兩顆。」

很少有像孩子之間的問題如此困擾著父母親。衝突既喧擾又浪費時間、消耗精力，父母很容易被激怒，並在心裡擔心兄弟姊妹長大後不會親近。我的立場是用遊戲來玩出這些感受和行為，而不是想辦法根除它們。對手足間的遊戲式教養會加入與多位孩子遊戲的面向，以及家庭動力的複雜性。我必須先試著說明一下，為什麼所有的孩子，不只是同胞手足，都會有所謂的敵對競爭出現。

與一個以上的孩子遊戲

和一個以上的孩子遊戲會有些非常不同的面向，但部分原則和前面說的大致相同。和兩個、三個或成打的孩子玩，我們仍要跟隨笑聲的腳步、建立連結、培養自信，試著喜愛我們從前討厭的遊戲。我們也會面臨必須介入主導的抉擇，以及何時要交出主導權。當孩子沒有好好對待另一個孩子，或當孩子被團體排擠時，我們都必須介入幫忙。如果弟妹被打，或附近鄰居最小的孩子總是被排除在遊戲之外，這些孩子都需要協助。許多大人在心理治療時會痛苦地抱怨小時候被兄姊欺負或被鄰近孩子的團體誤解，而他們的父母僅是讓孩子自己解決而已。另一方面，如果孩子真的可以自己解決的話，當然就不需要介入。

要讓孩子承受多少才需要介入呢？如同崔威克—史密斯（Jeffrey Trawick-Smith）所說的：「孩子要捲入爭辯之中才能學習如何解決紛爭；他們要被拒於遊戲團體之外才能學會進入

遊戲團體的技巧。他們得和同儕及惡霸意見分歧才能擴展社交策略的領域。他們的遊戲點子得受到拒絕才能學習如何更有說服力。當成人太快地干預衝突時，這些機會就喪失了。」

皮亞傑（Jean Piaget）是第一位偉大的兒童遊戲觀察者，他注意到孩子藉由爭論規則來學習道德。下一個輪到誰，球是進了還是出界，誰可以被允許，這些衝突都是孩子需要的。我們很容易就跳進去解決紛爭、說明規則，因為我們無法忍受衝突，但衝突可以是遊戲的核心。童年遊戲主要成就的能力之一，就是要學習如何有效地處理衝突。他們要有一些衝突經驗才能學會處理的方式。我想皮亞傑對於現在多數的遊戲都是由大人組織和主導的情況，一定會感到很訝異。另一方面，他也可能會喜歡最近流行的皮卡丘，因為它複雜的規則讓孩子沒完沒了地爭辯不休。

我試著要劃出一道清楚的界限，何時要介入，何時又應該退後，但有時實在很難。兩者的立場各有其理。我基本的原則是：**退後，但要留心觀看**。因為我們後退不介入，不表示就要轉身離去不管孩子。**介入時輕輕點到**，不要重重摀下。當我們決定跳進去時，我們通常會做得太過度，干預太多。我相信我們不用接管仍然可以預防最糟的問題。我們可以持續關注，但讓孩子主導。我們可以提供些許的協助，然後後退一步，看看那是否足以讓他們自己解決剩下的問題。

循序漸進的方法對我最有效。我喜歡一開始僅是觀察，然後告訴孩子我看到什麼。如果他們需要的不只這樣，我會問他們這種情況下怎麼做比較好。最後，如果有需要的話，我會比較強勢地介入。我讓自己站在遊戲場上顯目一點的位置。「你需要的話我就在這裡。」「我猜你們可以自己解決，但如果你需要我幫忙的話再叫我一聲。」當孩子過來要我們仲裁時，我們會很想貢獻出自己的智慧。但試著僅做一些聆聽即可，不用多說什麼。問他們問題，但讓他們提出解決方法。表示出感興趣的樣子，但不用太擔心。他們通常會快樂地離開，覺得你很聰明。

如果他們需要的不只是意見，我會走到看起來有麻煩的孩子旁邊，友善地打招呼，不管我認不認識他們。有時簡單的接觸就已經足夠讓害羞的孩子鼓起勇氣，或讓霸道的孩子收斂一點。有時我會多說一點：「發生什麼事了？」「啊，那看起好像很痛。」如果有人被欺負，我會說：「看起來他不像你們玩得那麼快樂。」我也會重述一些基本的價值和原則：「每個人都要輪流玩。」「那種罵人的話很不好聽。」「如果不安全，我們就不能再玩。」然後讓他們解決剩下的問題。

如果這些隱晦的方法不管用，我們總是可以執行一些規則。我們可以把霸道的和受欺負的孩子分開。我們可以加入遊戲。如果一個孩子不斷被擊倒，你的加入會讓其他人轉移對象。如果他們不知道要玩什麼，你的加入會使他們想到一些好玩的遊戲。

遊戲式教養的兩個面向——調整頻道來注意孩子和角力遊戲，很難適用於一群孩子。第一，有太多人要注意，不只要注意單一的孩子，還有孩子之間以及整個團體。我們不可能注意到每一件事，但我們可以注意一些關鍵的主題：排擠、結群、情緒勒索和退讓、作弊、有人扮演警察角色、大孩子是否控制自己力量、小小孩是否有足夠的技巧參與遊戲。

與多位孩子的遊戲式教養，最難的莫過於你發現每個孩子的波長不盡相同。特別是在角力、打鬧和競爭遊戲之中。我有次和三個男孩玩，他們是三歲、七歲和十二歲。我和七歲的在角力，試著不要被他踢到，而三歲的在一旁叫我不要打他哥哥，而最大的那個則火上加油，叫他打敗我，好輪到他上場。

另一種類似的情況是在競爭遊戲中，一個孩子需要使出全力，另一個則需要被禮讓。或者有孩子還沒有能力一起玩，但卻想要參與。這些時刻孩子需要我們更積極地參與，這樣每個孩子至少能滿足一些自己的需求。我們可以和那個還無法參與遊戲的孩子組成一隊，或建議更改遊戲規則。我們有時也需要安撫小小孩去玩別的遊戲，這樣大孩子不用總是限制自己的能力。

只要有兩個孩子，就會有爭吵——玩具、遙控器、大塊蛋糕。我最喜歡的回應方式，是抓起玩具就跑。兩個孩子就得要聯合起來對抗我。我不會總是這樣，因為他們也需要知道如何協商。但是讓我自己變成箭靶有助於化解僵局。我的加入就像魚餌，有時他們會來咬有時不會。但如果他們來咬，他們很快會將他們關切的手足相處問題帶到遊戲中來。

只要有三個或以上的孩子，就會有包容和排擠的問題。我們不想總是用誰該跟誰做朋友的事來掃興，但是需要確定沒有人完全地被排擠、成為代罪羔羊或受到攻擊。我的朋友蒂娜會對棒球場上中等體型的孩子說，她會協助他們不被大孩子趕走，但他們必須要包容比他們小的孩子。我們的工作並不是要每件事都完全地平等，但至少彌補一些過度的權力失衡。我們也要在包容的議題上採取高標準，瞭解孩子們一定會排擠，但提供他們一些努力的目標。

最好的遊戲是為任何人敞開大門的，它為不同年齡、族群、性別和社會階層搭造起橋梁。心理學家拉姆西（Patricia Ramsey）提到：「當孩子投入真正的遊戲——開放、自發而不照劇本的遊戲之中，他們是在創造一個自己的世界，可以包容任何人。」我們大人的工作是要協助達成這樣的包容。她解釋為什麼普遍性及包容性的遊戲是最好的，而電視或電腦遊戲較不具有包容性。她說了一個很棒的故事，她領養了兩個孩子，六歲的丹尼和三歲的安迪，安迪才剛從國外來到新家兩天而已。丹尼要和安迪玩金剛戰士，但是玩不起來，因為安迪從沒看過電視。但一個小時後，他們兩個一起泡澡，玩泡泡玩得不亦樂乎。這兩個遊戲的差別在於，澡缸的遊戲要更具普遍性，跨越了文化的鴻溝，拉近孩子之間的距離。

每個孩子都會面臨手足競爭，即使是獨生子女

和**手足競爭**有關的這些感受、想法和行為，實際上是**每個孩子**發展的一部分，包括獨生

子女。父母對於手足間的衝突總是困擾不已，但獨生子女的父母也經常會對他們孩子表現出的手足敵對感受和行為感到震驚。

有次朋友要我過去幫忙，他五歲的兒子巴比對妹妹坦雅很不友善。我們過去玩，想辦法幫忙。艾瑪當時也差不多五歲，因為她是獨生女，她趁機享受一下有小妹妹的感覺，假裝小媽媽幫坦雅穿衣服。而巴比則生氣坦雅搶了「他朋友」的注意力。

我帶兩個大孩子到閣樓去玩，請他們媽媽把坦雅留在樓下，這樣才能處理他們的感受。當他們蹦跳地玩耍時，我拿起一個娃娃說：「看，是剛出生的寶寶，好可愛。」他們兩個互看了一眼，尖叫大笑地跑過來，把娃娃搶走。巴比說：「哦，不好了，她掉到火山泥裡了，我去救她。」艾瑪（記得她是獨生女和小媽媽）把娃娃搶過來說：「壞嬰兒，你掉到水裡了，鯊魚會把你吃掉。」這樣玩了大概半小時。這個遊戲很棒，但我很高興坦雅不用目睹這個場景。之後他們三個又一起玩，大孩子的攻擊性明顯降低。然後，我又花了一些時間單獨和坦雅玩，讓她扮演有力量的一方。

這個故事的重點在於，所有孩子都有和手足競爭相關的感受，不管他們是否有兄弟姊妹。孩子寧可藉由遊戲來玩出這些感受，而不要傷害任何人。只有當大人沒有時間精力或方法來幫忙時，他們才會轉而用攻擊性的方式來表現。因而有數個兒女的父母疲於奔命地處理這些問題，而獨生子女的父母卻不知道他們也得面對這些問題。

手足競爭裡有一個核心問題，它既深層又普遍：我是被愛著的嗎？真誠、絕對地被愛著？我特別嗎？我有力量嗎？如果我的父母開始愛另外一個孩子，他們會不會停止愛我？我可以扭轉這個世界嗎？為什麼我不能做其他人做的事？為什麼我不能得到其他人有的東西？這些影響著各種年齡的弟妹、兄姊、獨生子女。

有兄弟姊妹的孩子有成千的機會可以處理這些議題，雖然不盡有效。獨生子女則必須找機會來玩出他們的感受。有幾個月的時間，我女兒每次和她最好的朋友及她妹妹坐在車裡時，每個人都吵著要坐在中間。兩姊妹從來不會在其他的場合這樣，而我女兒也不曾與別人這樣爭吵。為了某種原因，這三個孩子就挑選了這個場合做為處理這種感受的出發點。

這種議題的危險性是不容忽視的，孩子無法有效地突破這些困境。有些家庭容許大的欺負小的，聲稱孩子可以自己解決。有些小的孩子則想辦法用間接的方式取得權力，讓大的倒楣。這些都無法幫助孩子處理兄弟姊妹間每天所經歷的挫折。

兄弟姊妹與空杯的填滿

記得空杯的樣子會有助於思考手足間的問題。最典型的手足競爭是要競爭加滿杯子的機會。年長的看著小嬰兒一直得到續杯，而自己杯子裡的總是沒剩多少。更糟的是，好像沒人在乎，他們得到的都是責罵或處罰，把杯子倒得更空。之後，年紀小的又覺得兄姊得到所有的續杯，他們可以晚睡、有真正的腳踏車、有一些特權。事實上，多數的手足衝突都可以視為想要從別人杯子裡偷到東西。孩子是天生的達爾文主義者。當年長的說：「你太小了，你不能跟來。」他是在說：「我要去加滿杯子，而你困在沒有水的情況之中。」當小的說：「媽，她對我不好。」他在說的是：「請給我多一些，我的杯子比較小。」

顯而易見地，我們需要給孩子很多續杯的機會，讓他們不用從別人那裡偷取，或互相爭奪機會。和一對一的情況一樣，我們用注意力、愛、感情、聆聽和點心來補充他們的杯子。和一個孩子一起時，續杯提供了精力和熱情。和兩個以上的孩子一起時，續杯能幫助解決衝突、提高合作和包容、增進共同遊戲的創造力。當總是拿自己的杯子和別人的比較時，的確是比較難好好地去續杯。而當彼此斤斤計較或互相推擠時，也很難幫他們加滿。當孩子惡意或蠻幹時，我們可能根本不想幫他們續杯。當孩子們因為互相競爭而受到處罰，不過是讓杯子倒空更多而已。

照顧的責任，像讓大的照顧小的，可能會加滿孩子的杯子，也可能是在倒空，視孩子或責任而定。如果年長孩子覺得自己很有價值和貢獻，而小的也覺得自己受到照顧，那麼每個人的杯子都是滿的。但有時年長的只是覺得忿怒不平，或者無法擔任好照顧的責任，那麼兩者的需求都沒有受到滿足。

我曾經看過一對七歲和三歲的兄弟手牽手從圖書館走出來，畫面十分溫馨。但當他們要過馬路時，大的很顯然開始緊張，小的則受到責罵，越走越慢。如果我們要讓孩子互相照顧，我們需要教導他們情緒的技能，與安全的準則。例如，示範年長的孩子如何偶爾該讓小的來主導遊戲。這種角色逆轉讓每個人都有機會玩出敵對的感受。年長的可以由此知道自己的重要性和能力，同時以假裝比年幼者更慢、更弱的方式來象徵性地面對關鍵議題。

孩子之間也常因為另一個孩子想要而突然想要某樣東西。只要另一個孩子快要得到某樣東西，那樣東西就突然變成了加滿杯子的填充物。對任何孩子來說，杯子裡的一點一滴都是珍貴的：「我的杯子現在可能不是空的，但誰知道明天會不會？」

五歲的泰瑞和他四歲的妹妹很興奮地要迎接弟弟的誕生。他們七歲的姊姊曾經幾次嘗過嬰兒誕生而被冷落的苦頭，她把弟妹叫過來開會說：「我不要你們兩個這麼開心，家裡的愛已經不夠了，等到嬰兒出生，情況會更糟。」這個故事告訴我們，做父母的必須讓孩子知道愛總是**足夠**讓每個人都續杯的，雖然新的成員或其他事情可能會把續杯的速度減緩。我們也必須瞭解，很多孩子擔心兄弟姊妹續杯的方式是拿走別人杯子裡的。

孩子似乎常以為續杯的資源是不足的。事實上，很多大人也這麼以為。畢竟沒有人曾經來敲我們的門給我們免費的續杯。如果我們自己不夠滿足孩子所需，我們必須從其他父母、親戚、朋友或治療師那裡得到支持。以下是一些我們能提供給孩子或他們玩伴續杯的方法。當幾個孩子在一起時，他們需要我們提供一些東西。我希望你會知道這些資源並不是匱乏的。你剛開始可能只能為一兩個小孩續杯，再逐漸嘗試其他的方法看看效果如何。

1 提供解決的方法

我們瞭解自己的孩子，有時我們需要的只是為衝突提供一個解決的方法。如果兩個孩子都想要喝最後一杯果汁，要他們平分可能沒有用，你大概得再開一瓶。我們也不能總是幫他們解決問題。如果你試了不同的方法都沒有用，他們可能在暗示你他們想要自己解決問題。最糟的狀況下你就用裝傻的策略，「如果你們不解決的話，我就要把果汁倒在我頭上了。」

因為兄弟姊妹的衝突是充滿情緒的，我們不可能隨時都有最好的解決方法。有些父母用處罰的方式來「解決」所有的問題。有一些則聽到大的打小的時會說：「小聲一點。」我們執行的方法通常不太有創意，「分一半……輪流……每個人十分鐘……這次你先下次他先……道歉。」

我們不需要在完全介入和完全放手之間選擇。我們可以提供孩子很多的資源，而不是強迫他們用大人的方式來解決。

2 給予鼓勵，啟發他們的自信

為了要讓孩子自己創造出有效的解決方法，我們得在旁邊隨時給予鼓勵和信心。你會知道他們何時感覺挫折，因為他們會退化使用原始的方法：打人、尖叫、哭泣、說些無聊的話、哭嚷抱怨。所以我們不能只說：「自己解決。」然後離開。我們也不能太快說出答案，因為那會瓦解他們的信心。我們一定得讓他們知道，爸媽真的相信他們可以找到對大家都好的解決方法。當他們嘗試時，我們必須在一旁給他們鼓勵，或在他們因為挫折而開始打架時阻止他們。

鼓勵而非干涉是一個微妙的平衡。我會說像這樣的話：「我不知道要怎麼解決，但我相信你們一定可以解決的。讓我們一起想想。」「如果不能停止傷害別人的話，那麼誰都無法遊戲。我們要怎麼做才不會有暴力呢？」「每個人都搶著要玩，然後大家都玩不到。要怎樣能讓每個人都有機會玩呢？」注意到有些句子裡已經提供了一半的解決方式——要讓每個人有機會玩，要注意安全，但把另一半的解決方式留給孩子。

另外一種一半的解決方式是說：「馬克真的很生氣，你們大家可以怎樣來把事情做對？」不要用典型的「跟他道歉。」或「他不是故意的，這是不小心的。」孩子不誠懇或勉強地道歉只是讓父母不要再嘮叨，並沒有任何意義。但我看到父母總是這樣要求。

孩子對於大人要他們解決問題的鼓勵有很好的回應，只要我們能夠給予支持。他們最後解決的方法可能和我們原來想的一樣，但結果還是有所不同。他們的解決方式比較有創意，道歉比較誠懇，達成的協商也較為大家所接受。因此他們能夠真正地合作。

3 用愛和情感來灌溉孩子

有時我們只需要這樣做：如果我們把他們的杯子加滿，用最基本的方法——擁抱、摟在懷裡、故事、體貼話語、一些特別時間、他們最愛的食物，孩子就能夠解決剩下的問題。當孩子傷害了另一個孩子，不管是身體或是情感上的，你要先聆聽眼淚，然後再解決問題或思考遊戲點子。當我們給予安慰時，不要忘了那個打人的孩子。他們也需要一些專注的時間，我指的絕不是處罰。

當孩子壞心眼時，他們在傳遞的訊息是需要更多的愛和情感。遺憾的是，他們可能會在這些時刻拒絕我們的愛。我們要堅持直到他們知道自己是被愛著的。問題是我們可能不想要給那些壞心眼或無禮的孩子任何的情感。也許這就是為什麼孩子感覺愛是一種稀有的物品。如果我們放棄猶豫來給那些壞孩子愛，它就不再是稀有的。

孩子也需要**給予**別人愛和情感，不只是接受。除了愛我們以外，他們會用愛嬰兒娃娃、弟妹、朋友或寵物來滿足這個需求。男孩不幸地比較沒有機會這樣表達愛及照顧，除了對寵物以外。跟朋友他們也不能擁抱、牽手或說愛，要不然就會被嘲笑或毆打；所以他們對彼此只能嘲笑、猛擊或貶損，來表達感情和敵意。他們同時加滿及打翻對方的杯子。看起來讓人覺得莫名奇妙。

4 保護

雖然有時很難分辨孩子是在玩還是來真的，不過我們要提供的下一個資源是保護孩子不要受到不適當的傷害。我們不可能也不應該保護孩子完全不會受傷，但孩子對彼此過度傷害時，我們還是要提供保護，要堅持強者不能打弱者，留意是否有人一直受傷，或有人老是被恐嚇、欺負或誣賴。

適當的保護不只是讓孩子不要受到嚴重的傷害，它還幫助孩子擁有安全感。當孩子有安全感時，他們更能與別人相處，更快樂和自由地玩耍。孩子需要知道自己有一些自由，但沒有傷害他人的權利。孩子需要被教導他們有安全的權利；別人也有安全的權利。沒有什麼是你不能告訴別人的；你要找到有人願意聆聽為止。在發展出內在能力讓自己和別人保持安全之前，孩子仰賴我們來確定他們不會受到虐待或遺棄。就像任何治療師一樣，我聽過太多成人談到來自親手足的殘酷對待，而他們的父母卻用忽略或否認來處理。

5 提供觀點

父母很容易過於專注在衝突的細節之中：誰對誰做了什麼？如果我們後退一步，我們可以冷靜地把我們看到和聽到的反映給他們。有時像魔術般地，我們只需要用放鬆的聲音指出每個人的立場：「你想要你的球，而他也想要，因為他還沒有機會玩到球。」單純聆聽和反映，然後在我們的觀察最後加上一個問題輕輕提點他們考慮各種狀況。

6 促進雙贏的局面

在協商中雙贏表示兩方都對結果表示滿意，不是一方輸另一方才能贏。雙贏的局面並不一定總能發生，但這是我們的目標。關鍵點在於我們留意聆聽每個孩子的立場和感受：「好了，怎麼回事？**你**想要什麼？那**你**呢？」通常在無法和解的差異之下，總有讓每個人滿意的解決之道。至少，每個孩子都覺得有人在聆聽，把他的感受考慮進去。如果我們帶著自己的解決方法來干預，對雙贏的局面不一定會有幫助。

兄弟姊妹之間的關係需要投入關注、時間和思考。每一段關係也有杯子要填滿，就像每一個人一樣。在完美的世界裡，手足之間自然都有愛與合作的關係。但在真實的世界中，任何的關係都需要滋養。所以保留一段時間給手足關係：「下一個小時是你們兄妹的時間，你們想做什麼都可以。」如果他們要花一個小時爭吵要做些什麼，也沒有關係。如果事情不順利，你也可以請孩子注意一下彼此之間的連結。一旦你介紹了這個想法，就放手讓他們帶領你。他們也許會抱怨彼此，你幫忙的方式就是逐一聆聽。也許他們開始角力，用你的關注做為資源。也許他們會提出你從沒想到的點子。

7 保持遊戲式的方法

你花多少時間叫他們不要再吵呢？用這些時間來跟他們遊戲。結果是他們會花比較少的時間吵架，比較喜歡彼此，而你也會得到樂趣。抓起讓他們爭吵的東西向後跑。或是三方的枕頭戰也會很好玩。記得我之前提到過的旁白遊戲，它對兄弟姊妹也很有用。就像你在看網球賽，你頭轉來轉去，一面為他們旁白。不用多久他們就會大笑而不再爭吵。我們的聲調要保持輕鬆和一點的愉悅，對轉移衝突很有幫助。

8 放棄尋找完美的公平

給孩子他們所需要的，而非試著要做到公平。要求完美的公平只會讓你失望而已。老大要買新靴子，老二也要。老二的靴子還很新，但她卻歇斯底里地想要再買一雙。老二的確是想要什麼，但她堅持要買一雙新靴子。她真正需要的是在她的杯子裡加滿愛。看到姊姊有新靴子很快樂，她以為這是加滿杯子的好方法。我們知道那不是，但她不知道。一個選擇是抱著老二，讓她能夠以哭泣釋放不公平的感受，一面輕柔提醒她我們的愛不只是一雙靴子而已。另外一個選擇是找到一個方法來滿足被愛夠的需求。

有一次，一位二年級老師來找我求助，一位雙胞胎男孩的家長在家為了使一切都公平而頭痛不已。兩個男孩不斷發脾氣，事情越來越糟。我告訴她我的想法，建議他們不用再想完美的公平，專注在孩子沒有被愛夠的感覺上。老師轉告了家長。有一次媽媽出差回來，像往常一樣她帶了草莓和藍莓口味的糖果給男孩們。她把藍莓給了哥哥，他是兩個裡最強調公平的那個。他吃了一口開始大叫：「不公平，不公平。」媽媽並沒有像以前一樣把糖果各分一半試著讓事情公平，因為這會變成弟弟加入抗議。她抱著他，同情而溫柔地說：「我知道，不公平。」他們這樣來回對話了大概四百次。哥哥抬起頭看著媽媽說：「我比較喜歡藍莓的。」然後抱了媽媽一下。之後，在學校和家裡，事情都獲得了真正的改善。

弟妹的隱性權力，以及家庭動力之謎

當我看到衝突時，我一度比較偏袒年幼的那方。但我開始發現事情遠比我想像的複雜。家庭並不一定能簡單分成壞人和受害人。我的朋友意莎和他先生羅斯一直在重複以下這個場景。他們有個九歲的兒子湯米，湯米和爸爸總是玩到以哭泣收場，他會哭喊說他爸爸做錯了什麼事，意莎就會跑去責怪她先生，說他怎麼像個孩子一樣玩得太過火。羅斯則為自己辯解，他說湯米剛剛還笑得很開心，他不知道有什麼大不了的。意莎總是相信湯米所說的。

當他們各說各話時，事情總是卡在那裡，無法獲得解決。我則提醒意莎和羅斯，這個場景很像湯米和她妹妹露絲玩的情況。兩個小孩玩得很開心，而湯米玩得有點過火，露絲開始哭，而媽媽跑過來罵湯米。我認為湯米只是在玩角色逆轉，對爸爸做他妹妹對他做的。而這樣爸爸就會挨罵，而不是他。

事實上，讓兄姊惹上麻煩是弟妹的一種權力策略，他們還有別的策略來報復平時所受到的欺負。所以在小孩尖叫時，不要太快地假定誰是受害者。

和孩子們的遊戲式教養

接下來我要談的例子是參加我父母課程的一位母親告訴我的（為了要說明遊戲式教養的這些原則，我把幾次的遊戲時間濃縮在一起）。這位母親有兩個小孩，七歲的大衛和八歲的愛麗絲。有天下午兩個人吵來吵去，應該說他們已經吵了好幾年了。媽媽很想要尖叫。孩子的杯子空了，媽媽也是。孩子需要遊戲來續杯。她先給他們每人一個擁抱，還有單獨和她在一起五分鐘的媽咪時間，然後建議他們先吃點心。

深呼吸之後，她開始思考，孩子的行為是在傳遞什麼訊息呢？也許他們有些需求，或者需要單獨和媽媽玩的時間，或者他們在害怕什麼嗎？她也試著把他們的行為翻譯成連結的語言：「大衛和愛麗絲想要親近，讓我先這樣假定，即使看起來完全相反。他們兩個在玩的時候所需要的不同，難怪他們會一直吵架，把杯子倒空。」

記得在父母課程裡這位母親總是說她沒有時間坐在地板上和孩子玩。她也會轉述孩子之間的衝突給大家聽。我總是建議父母把用來處理孩子紛爭的時間加一加，拿這些時間來遊戲。她終於願意放手一試。其他的父母也提醒她，孩子吵架是再正常也不過的了。

好玩的部分在這裡。媽媽把她所知道的都用出來。她到孩子旁邊跟他們玩了一下，然後把自己調頻到他們幾年來吵架的那些主題上：兩個孩子都覺得另一個得到的比較多；大的覺得小的太煩。媽媽並沒有一個明確的計劃，但她願意放手一搏。事實上沒有計畫地跳進去是最好的策略。

她做的遊戲包括了：把兩個小孩一起抱起來，尖叫地笑著衝到沙發上。她拿了一把劍拆成兩半，學他們兩個爭吵誰拿到的那半比較好。她不確定有沒有效，但至少比吼叫有用，她得到了他們的注意力。她也注意看孩子的反應，確定這樣模仿沒有給他們被羞辱的感受。他們笑得很開心。她又假裝對他們吼叫，說他們比較喜歡他們的狗。但這個效果比較不好。所以她抓起一個玩具，讓他們追她。然後她大喊：「哈，終於換我玩了。」

這個時候孩子已經從驚訝中回神過來，他們開始提出建議：「假裝我們逃家，你是媽媽。」她不斷哀求他們不要逃走，「不要逃走，我會讓你們繼續吵架，你們要打架也可以。我不會再抱怨了，我最親愛的。」她開始追逐他們。

大概一小時後，她要去煮飯了。愛麗絲大叫：「你從來都不跟我們玩。」大衛叫他妹妹閉嘴。媽媽則幽默地尖叫：「啊！我要跳到魚缸裡唱歌去了。」大家都笑了，而且這次他們讓她離開，兩個人則開心地一起玩。這是幾個星期來的頭一次。

在遊戲時每當媽媽覺得自己在浪費時間或太累了無法搞笑，她都提醒自己，與孩子建立關係並讓他們彼此建立親密關係是很重要的工作。當晚孩子都上床睡覺後，她打電話給她的哥哥，抱怨當孩子爭吵時她覺得有多煩，然後大笑自己在遊戲時的滑稽好笑。最後談到自己有多麼愛她的孩子時她哭了，她也擔心孩子們長大後彼此不能親近。她的哥哥感謝她對自己處境的誠實，也坦承自己跟孩子相處上所遭遇到的問題。雖然她已經很疲累，她也以聆聽哥哥做為回報。這兩個兄妹回憶到兒時互相敵對競爭的情況。電話掛斷時，彼此都覺得有充過電的感覺，心裡輕鬆多了。

第15章

爲自己充電

沒有什麼比祕密使我們更寂寞的。

——杜尼耶（Paul Tournier）

有天一位朋友打電話給我，要我針對她孩子的問題提供建議。我給了她一些意見，她帶著些許不悅地回答：「我上次跟你講的時候你也這樣告訴我。」

「哦，那你試了嗎？」

「沒有，但是——」

「等一下。」我打斷她：「如果你不願意試試看的話，我並不想用我有限的腦力幫你想新的主意！」

我們大笑，她答應要試試看。但我不太確定她是否做得到。

雖然許多父母都渴望得到好的建議，我也注意到我們大多無法將所學實踐在生活上。換言之，即使很多父母喜歡遊戲式教養法，但卻仍然覺得困難。我多希望只要簡單地說：「試試看！」就可以解決問題。可是似乎還少了什麼，除了需要關於孩子和教養的資訊外，我們還需要一個更重要的東西。我希望提供最後這一章做為缺少的神祕配方。

輪到父母了

在我們能真正運用教養上的忠告以前，我想我們需要為自己充電，加滿我們的空杯，聆聽彼此，從自己孤立和無力感的高塔中走出來。換句話說，我在遊戲式教養裡反覆強調的概念，對父母本身都適用。

要為自己充電的第一步，是承認我們開始嘗試時的情緒：無聊、挫折、厭惡、憤怒、煩躁、焦慮、疲憊、不專心、壓力太大。這些是父母們曾經跟我說過的感受：他們得到的注意力比我小時候多太多了……我老是回到舊的處理方式去，陷進權力的拉扯……從沒人跟我這樣玩過……我想要玩，但我好想睡……我簡直快累死了……他們玩的遊戲好無聊……我辦公桌上的工作都處理不完了，怎麼有辦法玩……他每次這樣我就會很生氣。

就是因為這些感覺讓我們想要放棄、休息、拿小孩出氣。當我們被這些感覺淹沒時，就很難享受樂趣，或去注意到孩子的需求。與孩子遊戲挑戰了習慣把情緒埋藏起來的成人。就像孩子一樣，我們必須要釋放這些沒有哭出來的眼淚、放鬆緊張的肌肉、放下我們的恐懼和擔心，我們才有辦法遊戲。現在輪到我們了。該是我們得到聆聽和續杯的機會，我們才能給孩子續杯，用他們想玩的方式來遊戲。

加滿我們自己的杯子

誰要幫我們把杯子加滿呢？當教養工作勝任愉快時，我們花在孩子身上的時間，就可以加滿我們的杯子。但教養工作進行得不順利時，我們花在孩子身上的時間（甚至光想到他們）就會把自己杯子倒空。

幫自己續杯的基本方式很簡單：找人來聆聽你。可能是配偶、其他的家長、朋友或治療師。找一個能夠表現出尊重和感興趣，而且不會嘗試要告訴你該怎麼做的人。即使你開始哭泣或表現出情緒，也能繼續聆聽的人。我們可能要訓練聆聽者如何聆聽，請他們不要打斷，也不用告訴你該怎麼做、該怎麼感覺。如果不是付費的諮商，我們則需要輪流互相聆聽。

大多數人沒有得到足夠的聆聽，以至於我們覺得聆聽是一種不易取得的資源。但祕訣就在：**如果輪流聆聽，你會得到許多專注的聆聽**。一個人可以在電話裡講五分鐘，或面對面深談兩小時。如果我們誠實地分享思考和感受、進行情緒的釋放，聆聽就等同於大人的遊戲。這是我們表達內心世界及回復自我的方式。

這章開始所引述的話指出了分享祕密的重要性。我們似乎總很疲累，是因為我們肩上擔著許多的憂慮、困窘、覺得自己是壞父母的祕密感受、無助感和其他痛苦的情緒。有時我們也將最快樂的祕密藏在心裡，害怕別的大人嘲笑我們如此在乎及深愛自己的孩子。

有不少父母，特別是母親，常和彼此做非正式的交談。你可能也有比較能夠深談的朋友。我不會講太多關於如何聆聽的要點，但我會點到一些重要的原則。好的聆聽方式包括依次輪流、尊重保密性，讓別人可以盡情地表達自己，而不擔心被批判或拒絕。不要打斷，不要說「我也是」，然後就談起自己的事。

當人們真誠開放地談話時，他們常會有哭泣、害怕或大人版本的發脾氣。好的聆聽者會讓這些情緒自然流出。所以不要說，「開心一點，喝一杯酒，不要再去想它；沒有什麼好生氣的。」在獲得良好的聆聽後，人們自然會覺得輕鬆、有自信和更有活力。記得，聆聽別人和自己被聆聽一樣，對我們都有好處。

即使父母雙方的杯子都快空了，一樣可以藉由輪流聆聽彼此來加滿杯子。或許剛開始聆聽的人會每五秒鐘就打岔，或是出神想到自己該買的東西，但一點點的聆聽都會有幫助，而次級聆聽品質通常在幾分鐘後就會讓我們更能專注地聆聽。因此，聚集其他父母或形成一個父母團體來相互傾訴。以下是一些你在開始時可以問的問題：

- 記得你在你孩子這個年紀時有發生什麼事嗎？
- 這些記憶能幫助你瞭解一些你現在所遭遇到的困難嗎？
- 你對孩子的希望及夢想是什麼？這些是否切合實際？你有給孩子留下一些自己可以希望和夢想的空間嗎？
- 我們都從電視和雜誌裡學習到教養應該是什麼，但你的教養給你什麼感受？
- 當父母最好的地方是什麼？你覺得自己什麼地方做得很好？你覺得光榮的時刻是什麼？
- 當父母最困難的在哪裡？什麼是你覺得很丟臉不想告訴別人的？

回答這些問題時，越覺得很難想起來或是很難和別人分享的，就越是重要的事。把這些事埋在心底只會使我們容易犯同樣的錯誤。有些父母不願承認自己有時很想打孩子，或希望自己可以轉身離家不要再回來，或比較偏袒某一個孩子，或不好意思地覺得想被照顧而不是照顧別人。如果我們可以講給一位具有同情能力的大人聽，我們的生活和教養工作都會順利很多。

我們也會發現自己不是唯一有這種感覺的人。我的朋友海倫希望我可以開一門課談如何不對孩子發火，但她覺得她的朋友都是完美父母，一定不需要這些資訊。她鼓起勇氣詢問之後，她召集了整班的父母。別人告訴她，他們以為她才是從來不會失控的那個。

當你有一位關懷和體貼的傾聽者，你會很驚訝地發現回答這些問題有多麼感人和令人情緒激動。即使你沈默地在心裡問自己這些問題，你也會發現之後你更有精力和熱情來遊戲和教養。也許你還是比較喜歡跟心理師談話，這是被傾聽的部分，但是聆聽其他父母的困境對你也會有幫助。

幫助其他的父母

我提到父母對自己有很嚴苛的標準，但我們也對其他父母的教養一樣地具有批判性。我們來看看一些常見的情景。我們在排隊結帳。後面有一個小孩大發脾氣。孩子只是扭來扭去，父母就大聲吼叫威脅。孩子捏了一下推車裡的嬰兒，嬰兒大哭，家長打了孩子，孩子開始尖叫。有個孩子踢你的腳，他的家長只是微笑。你會怎麼做?如果你跟我一樣，你的第一個衝動是搖著頭轉身，覺得怎麼會有這麼差勁的父母。或許你會看著那位父母，用你批評的臉色教訓他們。也許你也這樣被瞪過，我自己就有。

我要提出一個極端的另類選擇：提供協助，為父母伸出援手。想想他們可能一整天都過得不順利，或一生都不太順利。想想你曾經有過的類似時刻，即使你處理的方式可能比他們妥當。你會希望別人向你伸出友善的援手，還是給你難看的臉色?放下你的批評，幫忙一下那位處境艱難的父母吧。如果你是我，你可能曾幻想要把這個孩子從那糟透了的父母手上拯救出來，或至少把孩子帶開，給予比較妥當的管教。只怕這些幻想都對孩子沒有幫助。真的能夠幫助孩子的是你和處於困境中的父母做一些連結。

我的朋友亞傑有次在海邊看到一位父親強迫他四歲的兒子下水。男孩並不想下去，但父親越來越生氣。亞傑很確定如果繼續這樣下去，一定不會有什麼好結果。他用冷靜的聲音說：「我覺得他不想下水。」那個男人轉身生氣地對他說：「你說什麼?」亞傑說：「我說的不一定對，但我不覺得他想下水。我的名字叫亞傑。」他伸出手來表示友好。那位父親握了亞傑的手說：「你知道嗎?我想你說的沒錯。」他看著他兒子，彷彿現在才真的看到他。他大笑。兩個大人成為好朋友。

聽到亞傑說的這個故事後，我在商店超市裡開始做出不一樣的反應。我不再轉身離去，我會過去說：「你一定累了一整天了吧。」或「你照顧這些孩子一定很辛苦，要不要我幫你提袋子？」有時我站在旁邊，給他們一個溫暖的微笑。通常些許的理解，就能使事情變得更好。有時正在發脾氣的孩子也會注意到旁邊有個奇怪的人，當我對他眨眼或微笑時，他也會知道有人能理解他的情緒。

這個方法聽起來是不是很熟悉？應該是。因為它就是遊戲式教養的概念，只不過這次我們不是對孩子，而是對其他的家長及家庭提供我們的關注、尊重和協助。我們注意到他們需要的幫忙是什麼，然後提供給他們。沒有人想要更多的批評或是非難，即便他們在管教或教養上應該要做得更好。雖然我們不見得認同他們的所作所為，只要我們和別人保持正向的互動，事情立刻會順利許多。這當然不是我們看到「壞父母」或「壞小孩」時最想做的事，我們想要做的是處罰他們，或讓他們留在自己悲慘的孤獨之中。但這一點幫助也沒有。

我有一個朋友的孩子眼睛失明。當男孩很小時，帶他去買東西簡直是一場惡夢。他會伸手去抓東西，把架子上的東西弄倒，然後大笑。他會哭嚷要糖果吃。最糟的是當我朋友要管教他時，不管用的方法多麼溫柔，別人總是用厭惡的表情看他，好像他在虐待這個可憐的失明孩子。沒有人曾經走過來說：「你的挑戰實在不小，需要幫忙嗎？」沒錯，大家都很忙，但我覺得這並不是為什麼我們避免幫助其他父母的原因。我認為我們有個默契：我不會搞壞你的孤立，你也不要來搞壞我的。從我們自己孤立的高塔走出來幫忙解決別人的問題，實在太麻煩了。

也難怪我們得不到其他大人的支持。為了彌補這個缺憾，我們錯誤地期待自己的孩子來支持我們。但因為他們不是好的聆聽者，我們就不停地抱怨他們有多令人無法忍受，最後孩子便把我們摒除在他們的世界之外，我們也將自己的憤怒加溫成嚴厲的懲罰。父母應該試著讓自己休息一下，先跟其他家長傾吐，再回到孩子那裡。你會覺得好過一點，互動無疑地也會好些。

我永遠不會忘記當我女兒剛學會講話時發生的一件事。和多數同齡的孩子一樣，艾瑪對於自己沒有能力表達思考感到挫折。我忘了我們為何爭執，但我記得我差點就要失控。我一直想要離開房間冷靜一下，但她尖叫不要我離開。我如果留下來，她一樣也是對我尖叫。最後我告訴她，我要去打電話給蒂娜，我的聆聽伙伴。艾瑪停止尖叫，牽著我的手走到電話旁邊說：「去打電話給蒂娜。」她知道那正是我們需要的：我需要有人聽我抱怨幾分鐘。當我再回來時，我們重新連結，回到快樂的遊戲當中。

父母對於遊戲式教養法的這個主要環節，都會以沒有時間做為抗拒。「我已經沒有時間了，而現在你說我需要花更多時間玩，我應該要和其他父母互相聆聽？」一點都沒錯！因為得到支持會讓你有更多時間。就像門諾教徒蓋穀倉一樣：每個人不需要都去蓋個穀倉，和社區一起做事會更有效率。如果我沒有離開房間打電話給蒂娜，我可能到現在**還在**那裡跟艾瑪吵架呢！

將遊戲的原則和態度帶進你的生活，也是讓自己有更多的時間。如果你家的早晨總是一團混亂，你最不想做的就是再花十分鐘來玩晨間準備工作的遊戲。但如果你真的玩了這個遊戲，你會省掉花在被激怒、嘮叨的時間，也許就不會遲到。就像我剛開始教書時，一位老教授教我的：「當你想要學生離開你辦公室時，不要急著趕他們出去。他們會抗拒，然後你會花一個小時趕人。你要裝做一點事也沒有，親切地歡迎他們，他們在五分鐘內就會離開。」

有趣的遊戲加滿我們和孩子的杯子，不會倒空我們的杯子。遊戲本身具有活力，但真正加滿杯子的是連結，從遊戲裡發生的連結。我們說不定得先從勉強自己開始，但是結果會完全值回票價。

當大人關在自己孤立和無力感的高塔時

你注意到當事情不太順利時，父母用來描述孩子的語言嗎？孩子無理取鬧、要賴、失控、失態。然後我們形容自己是被孩子逼到牆角、我們要快要爆炸、我們要放棄，不想再嘗試了。在前面的幾章我談到保持幽默感，就能更有效地教養。我用了一個很重要的比喻是孤立和無力感的高塔。用這個語言來形容的話，孩子不好過，或讓我們不好過的時候，他們是被關在那些高塔裡，我們的角色是協助他們出來。

糟糕的是我們也在自己的高塔裡花了不少時間，使我們很難鼓勵孩子走出來。我們下班之後已經疲累而易怒，所以我們在高塔旁邊加上導電的圍牆，孩子很難親近我們。我也曾對孩子這樣說：「我太累了，沒辦法玩；我背好痛；不是現在，走開；不要吵我；安靜，我頭好痛。」我們因為太累或不知所措而拒絕孩子。我們嘮叨他們的好奇、精力、孩子氣，我們無法忍受他們對愛和關注的需求。

幸運的是，斷裂雖然不可避免，重新連結仍然可能。不幸的是，我看過親子錯過重新連結的機會。我們都希望對方主動道歉，要求原諒。但等待是不會讓事情發生的。我想父母和大人得要主動才行。做眼神的接觸、擁抱、爭吵後和好、主動原諒或在錯的時候道歉。解決衝突的方法之一，是給予擁抱。告訴家人你有多麼喜歡他們。

孩子經常會主動要做重新連結，但大人會完全誤解。例如，你女兒不肯去睡覺，但或許她在嘗試拖延時間來跟你做連結，解決你們之間的問題。或者你兒子在你做飯時一直纏著你。你已經夠煩了，所以你叫他走開。但這些孩子只是盡力地要找到方法連結，因為斷裂對他們過於痛苦。換言之，他們要試著走出自己孤立的高塔，但我們忙於躲在自己的塔中。透過塔裡的霧玻璃，我們看不到他們試圖連結，只看到他們討厭的行為。在表面之下，是人類想要**連結**的基本驅力。

孩子在自己不好過時，會拒絕連結，我們也是。而且在別人對我們不好的時候，我們希望孩子能彌補我們。我們還會在孩子表達我們不喜歡的感受、行為或想法時，對他們不耐。我們用處罰或忽略的方式來對待他們，當他們急切地要看娃娃的私處，把每一樣長條形的東西都當成槍來玩，整天坐在電腦前面，或花幾個小時幫自己或芭比穿衣服。這些時候，孩子仍然需要我們，和他們處在正常而有趣的時刻一樣，或者更需要。

有時我們杯子倒空的樣子比較不複雜。我們看起來疲累或無聊。我們的興趣持續不長。我們想要玩新的遊戲，而不是重複一直玩一樣的。我們不想永遠躲在高塔裡，但我們很想休息一下。不管怎樣，想辦法把自己的杯子倒滿吧！如果我們的杯子空了，就無法幫孩子續杯。有時我們不得不把自己的感受推到一旁，和孩子遊戲。我們在工作時不是也常需要這樣嗎？為什麼對孩子不行呢？

談到工作，我們從工作轉換到家庭，或從家事轉換到遊戲需要很大的力氣。我把它叫做「入境」問題。大人和孩子很容易就會犯錯，因為大家在分開的這段時間都累積了一些情緒。每個人對於團圓都有不同的期待。父母想要安靜地休息，孩子等了一整天要跟你玩角力。我們無法立刻甩開工作狀態，而孩子和你團聚的方式又讓入境過程更為困難。他們不一定是開心地迎接你，李伯曼描述得很好。她說，有些孩子會找你麻煩；有些模稜兩可，他們爬到你身上卻又把你推開；有的幼兒會忽略你回到家的事實，裝作若無其事地玩耍。而父母則覺得不受到重視，用情感的退縮做為回應。特別是父親，會花越來越多的時間工作，覺得自己是多餘的次要角色。有些父母則飲酒、看電視或把工作帶回家，來麻痺入境的痛苦。但這些都不是孩子要的，即使他們一開始所表達的方式不是如此。他們希望我們把工作的擔憂留在門外。如果他們哭了給他們擁抱；必要時用堅定溫和的方式管教他們；如果他們躲避你或假裝忽略你，你則會堅持連結。將入境的緊張轉變為溫暖的家庭連結。

孩子與我們分開的感受，加上我們一天壓力之後入境的困難，你很容易可以看到為什麼我們的神經會受到磨損。我們不想遊戲，但遊戲時間，特別是角力、枕頭戰和耍寶，是處理入境問題最好的方式。我們在工作上習慣封閉自己，保持警戒，也難怪很多父母的遊戲式教養是買更多玩具給孩子，因為真正的遊戲似乎太自然、太親密了。

我們拒絕遊戲的最後一個理由，是孩子表現出的強烈情緒讓我們很不舒服。但為了要讓孩子能有情緒上的發展，他們需要有能力完全地表達自己。所以我們必須積極地**鼓勵**這些情緒表達，不只是允許而已。這對我們有點困難，因為我們像避難一樣地迴避強烈感受，特別是男人。

有一位大學生來找我治療他兒時所遭受的性侵害創傷。像大部分的男人一樣，他幾乎沒有哭過，每當我問到他的感覺時，他總是覺得麻木和空虛。有天他興奮地跑來辦公室找我。「我上星期過得太棒了。」他說：「我每天晚上都在發抖、哭泣、流汗，我以為我快死了。」「那有什麼棒的？」「你不知道嗎？我終於可以有感覺了，我是個活生生的人！我把這些感覺壓抑了這麼久，當然它們好像很恐怖，但是不像我想的那麼可怕。」這是他之後快速復原的開始。我會把這個故事告訴來接受諮商的男人，以及那些總是急著要讓孩子**停止**哭泣的父母們。

成為十足的玩伴

身為父母，我們不能**只當**孩子的玩伴和朋友，我們還要考慮安全、界限與指引，還有晚餐要吃什麼。但我們仍需要玩，而且可以越來越在行。這表示我們需要學習如何更有樂趣，學習如何用遊戲來協助孩子健康的發展。它並不難，只是需要努力。首要之務，也是最艱難的部分，是選擇去玩，而不是躲避，也要選擇跨越我們舒適的常軌之外的遊戲。

對很多父母來說，最明顯的起始點就是關掉電視，多陪孩子遊戲。孩子剛開始可能會拒絕，或不相信你真的有興趣玩他們想玩的遊戲。一開始就是花時間和他們在一起，不要幫他們規劃遊戲內容。如果你不知道怎麼開始，就讓它越簡單越好，即使只是扮鬼臉或站起來跳舞。如果你整天都在照顧孩子，休息一下為自己充電。固定時間找其他的大人來照顧孩子，或每天早上和其他父母通五分鐘的電話。

當我們開始帶入遊戲式教養時，我們會碰到孩子想玩我們覺得無聊透頂的遊戲。我們需要做兩件事，第一，想辦法在遊戲中注入連結。第二，不論如何都要玩。就像當孩子說學校無聊時，我們還是要他們去上學。

有些父母不會覺得無聊或疲憊，他們比較容易生氣或被激怒。從遊戲中暫停去休息一下，然後花一點時間重新連結，再回到遊戲中。在幻想遊戲中，扮演愛生氣的角色，這樣可以避免把怒氣發到孩子身上。但記得之後還是要找個大人傾吐一下自己生氣的感受。

我目睹過父母因為孩子帶入的主題令他們不舒服，就突然地結束遊戲。可是正因為孩子需要瞭解他們的感覺及世界，才會在遊戲中帶入這些議題。如果為了保護我們自己的感受而停止遊戲，孩子得到的訊息是他們的感覺不被接納，他們的遊戲糟糕透頂，而他們最好是躲在高塔之中。他們需要我們一起遊戲。孩子和大人不同，他們不會因為幻想角色偷竊或受折磨死去而覺得丟臉。如果孩子指定一個角色給你，就跟隨他一起遊戲吧。

要成為一位十足的玩伴，基本原則之一，就是要保持身體的親近。我知道這會讓很多人緊張不已。身為心理師的我花了很多時間治療童年遭遇性侵的大人，因此對於建議親子之間的身體親近，我也變得相當小心謹慎。另一方面，孩子需要這種接觸。事實上，嬰兒會因為沒有身體的接觸而死亡，大一點的孩子也會因此而有嚴重的情緒問題。但身體接觸必須具有安全和尊重的感受，而不是對孩子的侵犯或剝奪。我們對保護孩子免於身體及性侵害仍力有未逮。的確有一些成人不知道什麼叫做適當的身體親近，不知道非性或非侵犯的身體親近是什麼樣子。但正當我們感覺恐懼的當下，我們已經剝奪了孩子所需要的人類溫暖。

我不斷聽到那些關愛孩子的老師告訴我，他們連拍孩子的背或友善地捏一下肩膀都不敢。這種害怕侵犯的恐懼已經過於極端。我有次在電影院排隊上男廁，一位母親從外面對在廁所裡的兒子喊著：「如果有人碰你，你要大聲尖叫！」這無助於孩子的自信和獨立，但我瞭解她的恐懼。我們絕不能以傷害孩子的方式觸摸他們，但情感和身體的親近是遊戲式教養不可或缺的。

父母的另一個不安是自己的困窘、丟臉的感受。孩子想要在公園脫衣服，或把頭髮染成藍色。他們可能會嘲笑我們唱的可笑歌曲，或在公共場所玩「跟隨領袖」的遊戲。當進入青春期後，光是被看到跟你走在一起就足以使他們覺得丟臉，所以你遲早都會跟他們扯平的。

遊戲式教養的下一步是打破我們舊有的遊戲習慣。我們有些人太具競爭感，不管孩子想不想跟你競爭比賽。有些人則太害羞，無法提供孩子全心角力時所需要的阻力。或有些人忽略一起玩的孩子，自己玩起積木和樂高來。有些父母需要練習如何更加沈浸在遊戲中，有些則需要練習如何鼓勵孩子的獨立。

簡而言之，我們對孩子的需要必須有回應。父親有名的是「猛然抓起」的動作。特別是嬰孩的母親會對這種動作有所抱怨。父親回家，很高興看到孩子，然後猛地把嬰兒抓起來，或拋到半空。嬰孩本來安靜而開心地玩耍著，現在他可能開始尖叫，或變得焦躁不安、無法靜坐吃飯。父親很挫折；嬰兒則暈眩不已。這種打鬧或體能遊戲對孩子有益，但是它是一種跟孩子玩的遊戲，而不是對孩子做的事。試著放慢動作，保持眼神接觸，注意孩子傳遞的訊息，瞭解他喜歡被拋得多快或多高。否則的話，我們就不是按照孩子的節奏來遊戲，而是在堅持自己的節奏。

情況很類似的是，孩子正在和爸爸開心地撒野，母親則焦慮生氣地要他們停止遊戲，立刻上床睡覺。這次大人又沒有注意到孩子的節奏，只是強迫孩子要接受他們偏愛的遊戲模式而已。每個孩子感官的敏感度——對聲音、觸摸、味道、氣味、動作或分散注意力的事物等，都各有差異。我們需要辨認出這些偏好，因為這些差異影響孩子遊戲的方式。

在一些家庭中父母各司其職，有一方比較嚴肅，另一方比較有趣。試著偶爾對調一下，對大家都好。要確定母親也有和孩子角力的機會，而父親不只和孩子擲球，也要和他們坐在地上扮家家酒。如果你還沒跟孩子玩上一小時，你將會錯過許多有趣和有創意的東西。記得要玩得開心，不斷地與孩子連結。他們不需要我們完美，他們會注意到我們正在嘗試。

建立遊戲式教養的社群

支持的社群可以只是簡單幾個你經常通電話或一起喝茶的家長，談話不用太正式，但也可以用之前提到過的交換聆聽時間。對那些壓力很大，需要更多支持的父母，你提供看顧孩子的協助，讓他們可以休息。如果你知道一位家長最近情況不好，你可以帶著兩三個朋友過去，像是情緒支持團隊一樣。一個和孩子玩，一個提供聆聽時間，一個幫忙打掃。我們要克服不管他人閒事的態度，因為那不過是自己想要保持孤立的偽裝而已。

即便你自己做為父母的壓力很大，和別人的孩子相處也會對你有幫助。我的朋友雷夫和幾個家庭一起去攀岩。領隊的三歲女兒瑪蓮感冒才剛好，緊黏著母親，不肯跟別的孩子分享器材。雷夫原本在心裡嘀咕，但他想起遊戲式教養的理念，他把瑪蓮的行為翻譯成是需要加滿的杯子。他走過去對瑪蓮說：「嗨，我好久沒看到妳了，要不要聽故事，玩賓果，或是玩妳想玩的遊戲？」瑪蓮開心地坐在他膝上玩，另外兩個男孩也加入他們。之後雷夫告訴我：「把知道的用在別人小孩身上實在容易多了。」

我是支持團體的信奉者，尤其是對慣於單打獨鬥的父母。又**特別是**給父親的團體，因為男人通常連非正式的支持都沒有。我在女兒出生後開始一個父親的團體，持續了三年。即使我覺得自己怎麼可能有時間再參加團體，但我得到的充電和續杯卻足以彌補花費的時間。

惠芙樂和她的同事發展了一些很好的家庭支持活動。像遊戲日是幾個家長及孩子，加上一些其他大人一起玩幾個小時的活動。通常的比例是一個小孩兩個大人，這樣有些大人在陪孩子遊戲時，另一個可以去交換聆聽的時間。大人們會特別努力帶入遊戲的活力，跟隨孩子的帶領，所以遊戲日是很喧鬧的。還有家庭週末會，是相同形式的加長版。還有一種創新的活動叫做大人遊戲團體，大人放鬆來重新找回遊戲感受，以及對生活的價值。它也是大人分享喜悅，表達挫折、恐懼和憤怒感受的機會。

我女兒三歲時很喜歡玩小美人魚，而我卻漸漸受不了這種無助的女性角色總要由英雄來解救的情節。我試著加入一些自發、創意、女性意識的想法，但我最想說的是：「我討厭這個遊戲，我快受不了了。」可以想見的是，因為我用無聊及忍耐的心態來加入她的遊戲，她更加地堅持我要「用她的方式」來玩。

在這樣巧合的時機我參加了大人遊戲日，為了協助我的問題，兩個大人要求我玩女兒小美人魚的遊戲。我得以用半發脾氣的方式說：「不要！我不要！我討厭這個遊戲。」我一面尖叫，他們一面哀求我。我得以跺腳暴怒，說出我原來不敢對女兒說的話。這樣進行了二十分鐘後，我最後笑個不停。而在大笑中我震驚地發現，原來我在跟女兒說的是她最珍愛的玩具愚蠢至極、無聊透頂。這實在不是培養她自信和連結能力的好方法。

把這些感受宣洩出來以後，我才能回家好好地遊戲。我對遊戲的熱情讓艾瑪嚇了一跳，她的創意受到激發，而遊戲也變得越來越有趣。很快地，她開始玩各式各樣的遊戲，不再只是重複同一個遊戲。

當我著手寫這本書時，我讀到蒙特梭利（Maria Montessori）的一段話。她是一位偉大的教育家，有許多很好的論點，但我卻不甚同意她對遊戲的看法。她說：「在孩子的生活中，遊戲的價值極小，只有當孩子沒有更好的事可做時他們才會遊戲。」我無法想像有比遊戲更重要的事，無論是對我們或是對孩子。

我希望你和你的孩子都能從遊戲式的教養中得到無窮的樂趣。

遊戲力【新修訂版】／Lawrence J. Cohen 著；林意雪譯.
-- 二版. -- 臺北市：遠流, 2017.09
面； 公分. --（親子館；A5040）
譯自：Playful parenting : an exciting new approachto raising children that will help you: nurture close connections, solve behavior problems, encourage confidence
ISBN 978-957-32-8028-6（平裝）

1. 育兒 2. 親子遊戲

428.82 106009520

親子館 A5040
遊戲力【新修訂版】
陪孩子一起玩出學習的熱情與自信

作者：Lawrence J. Cohen, Ph.D.
譯者：林意雪
主編：林淑慎
責任編輯：廖怡茜

發行人：王榮文
副總編輯：陳莉苓
出版發行：遠流出版事業股份有限公司
104005 台北市中山北路一段 11 號 13 樓
郵撥／0189456-1
電話／2571-0297 傳真／2571-0197

著作權顧問：蕭雄淋律師
2017 年 9 月 1 日 二版一刷
2023 年 1 月 16 日 二版三刷
售價新台幣 320 元（缺頁或破損的書，請寄回更換）

ISBN 978-957-32- 8028-6

遠流博識網
http://www.ylib.com
E-mail: ylib@ylib.com